まるです。
猫と暮らすということ。

mugumogu◆著

双葉社

Contents

愛情エッセイ

身上書

思い出写真集

まるさん登場！

5月24日
まる生まれる。

9月22日
まるとの同居始まる。

11月23日
ブログ「私信 まるです。」スタート！

同居人がブログというものを始めたようです。
イタズラならお任せください。

思い出 2008 ズサ猫として知れ渡る。

そこに箱がある限り。

7月
YouTubeチャンネル開設。

8月
動画「滑り込むねこ。」を公開。

10月
動画「特訓するねこ。」
を公開。

YouTube
Video Awards Japan 2008
「ペットと動物」部門受賞。

ますます箱ラブ。

4月

動画「大きな箱とねこ。」を公開。

YouTube Video Awards Japan 2009
「ペットと動物」部門受賞。

一言も発せず新居に到着。

7月
1回目の引っ越し。
まるさん初めて
新幹線に乗る。

9月
記念すべき1冊目の写真集
「まるです。」が発売される。

殿堂入り！

3月
動画「タンバリンなねこ。」公開。

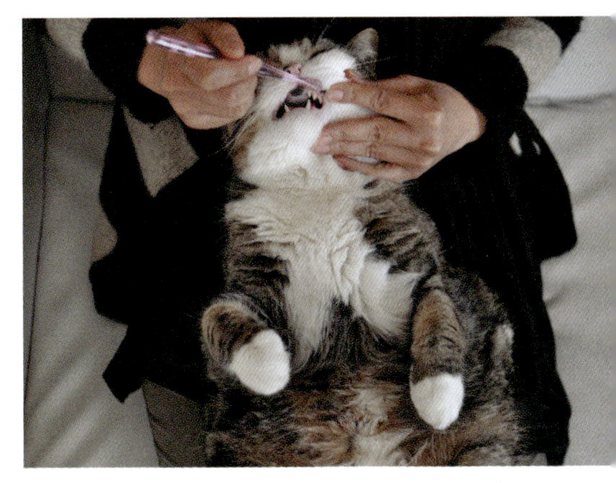

3月

動画「いろいろな小さ過ぎる箱とねこ。」公開。

YouTube Video Awards Japan 2010
「ペットと動物」部門受賞。
3年連続受賞により殿堂入りを果たす。

海外でも活躍！

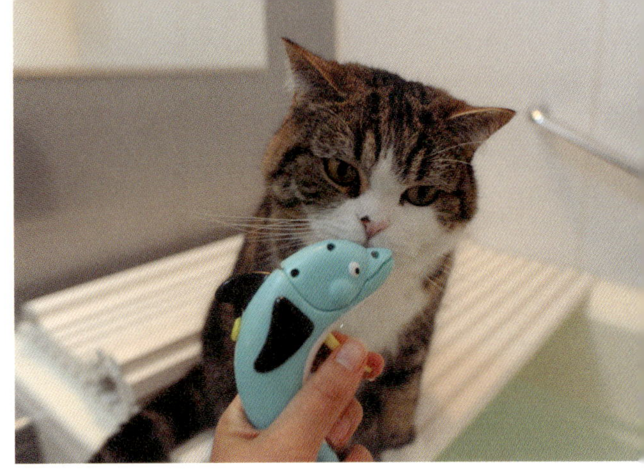

3月

写真集「まるです。」の海外翻訳版が登場。

アメリカ、イギリス、カナダ等の英語圏で発売される。

8月

動画「すきまる。」公開。

隙間で見事なでんぐり返しを披露。

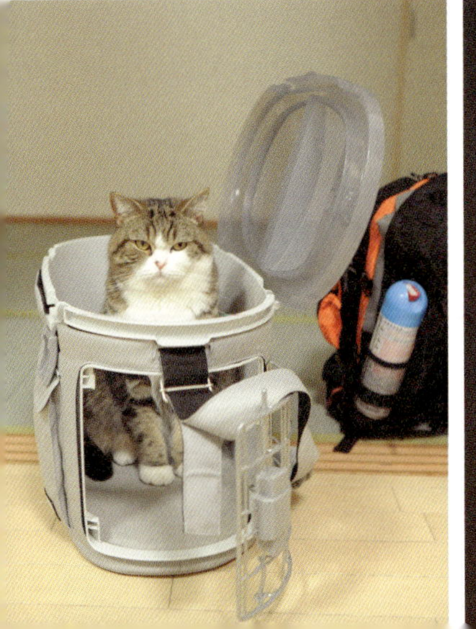

猫がいる証

まるさんがやって来たのは生後4か月の頃。体重も2.4キロあって、体もすでにまあまあ大きかった。とはいえ、今のまるさんと比べると、確かにかなり小さいのだけれども。

家についてカゴを開けたとたん、その旺盛な好奇心をフルに発揮させ、家中を探索する。初めての場所、初めての人に物怖じして隅に隠れるようなことは一切なく、初めての猫トイレで勝手知ったる風に用を足し、初めましての人から出されたカリカリを疑う素振りもなく食べ、また家の中を探索する。その大きな体も相まって、子猫特有の脆く儚げな印象はまるでなかった。弾丸——興奮して家中を走り回るチビまるを一言で形容するなら、それに尽きる。

まるさんを迎えた当時のことを今振り返ってみると、念願の猫との生活が始まるドキドキとワクワクに満ちていた。初めての猫ということで、ちゃんと〝しつけ〟もしなければ、というような気負いみたいなものも少なからずあった。というのも、初めて猫と暮らすにあたって、本やネットなどで猫と暮らす注意点や叱り方なども事前に知識として入っていたので、そのセオリー通りにやらなければと思い込んでいた節もある。乗ってはいけない場所、例えばテーブルなどに乗ったらその場で叱る、というようなことを最初はセオリー通りにやっていた。

そしてチビまるも、テーブルに乗ってはいけないのだということを、ちゃんと理解した。しかし、ダメだということを理解した上で、敢えてテーブルに乗って挑発してくる、それがチビまるだった。

テーブルの上のチビまると目が合う→「あ、こら!」と言うとチビまるがダーッと逃げる→追いかけっこ遊びの始まりである。

終始こんな調子だから、だんだんと人間の考え方が変わって来る。テーブル？ 別に乗ってもいいよ、大きな猫ベッドだね。ソファで爪とぎ？ ソファに味が出ていいね、ヴィンテージっぽい——完全に猫にしつけられてしまった。でも不思議とそこに敗北感はない。そんなやりとりのひとつひとつが、楽しい思い出として積み重なっていく。

今の家の二階には、デザインに一目ぼれして買ったソファが置いてあるのだけれど、まるさんがせっせと爪とぎをして、端っこがボロボロにほつれている。そのボロボロのほつれを見ると、朝起こしに来て、そこで爪を研ぐまるさんの姿がセットで思い出されるので、きっと一生捨てられないだろうな、と思う。猫が残した傷は、猫がいた証。それが猫と暮らすということ。

猫のおもちゃ

ドキドキワクワクで始まったチビまるとの生活。子猫という生き物は、何を転がしても、何を振っても、大喜びでじゃれて遊んでくれる。黒目を大きくして、ワクワク顔で遊ぶ子猫の破壊力はすごい。子猫がおもちゃを転がして遊んでいるだけなのに、ずっと見ていられる。自分でわざとおもちゃを物陰に押し込んでおいて、こんなところに隠れやがって！　みたいな演技をしながら遊んでいる仕草なんかもう、可愛くて面白くて仕方がない。

夢中で遊ぶ子猫を見ながら、人間も夢中でおもちゃを振っている。子猫が喜んで遊んでくれると、こちらも嬉しい。だから買い物に行くと、ついあれもこれもと、子猫が喜びそうなおもちゃをいろいろと買ってしまう。そして家に帰って買ってきたおもちゃを子猫に見せると、こちらの期待通り、大喜びで遊んでくれる。だけど――。

猫という生き物は、驚くほど飽きるのが早い。昨日まで喜んで遊んでいたおもちゃに、今日はもう見向きもしない。だからまた別のおもちゃで遊ぶ。しかしそれもすぐに飽きる。そのうち、新しいおもちゃを買ってきても、以前のようには喜んでくれなくなる。これなら喜んで遊んでくれるかもしれない、と期待に満ちた気持ちで新しいおもちゃを買ってきても、あーはいはい、似たようなの前にもありましたよね、みたいな顔で澄ましている。少し前まで、あんなに大喜びで遊んでいたのに！

気がつけば、体もすっかり大きくなっている。いつまでも子猫だと思っていたのに、いつの間にか、子猫時代は終わっていた。人間が夢中になって子猫と遊んでいる間に、子猫はものすごい速さで、着実に成長していたのだ。もはや見向きもされない猫じゃらしを手に、なんだか置いてけぼりをくったような寂しさを覚える。

猫は人間の約4倍の速さで年を重ねていくというのだから、その速さに人間がついていけないのも無理はない。猫と長く暮らしていると、こんな節目がたくさん訪れる。

こんなにも一瞬で子猫時代が終わってしまうと知っていたなら、もっとたくさん、一緒に遊んであげればよかった！ と思うこともあるかもしれない。忙しくしていた日々が悔やまれる。でも、子猫じゃなくなったからといって、まったく遊ばなくなるわけではない。だんだんと好みやこだわりが強くなってきて、好きなおもちゃには反応するけれど、そうじゃないおもちゃには見向きもしなくなる。そして次第に、そうじゃないおもちゃの数が増えていき、猫に遊んでもらうのは年々難しくなっていく。

久しぶりに、このおもちゃでは遊んでくれた！ と思っても、その熱はあっという間に冷める。もっと遊ぼうよ、としつこくおもちゃを見せると、さっき遊んでやっただろう、お前は遊んでばっかりだな、とでもいうように顔をそむける。そして少しだけ遊んでくれたおもちゃは、いつかまた遊んでくれるかもしれないという期待とともに、おもちゃの棚にしまわれる。少しだけど遊んでくれたから捨てられないおもちゃが、また増える。

可愛いが増す猫

子猫という生き物は、それはもう、とてつもなく可愛い。好奇心の塊、無邪気の化身。遊んでいても可愛いし、ご飯を食べていても可愛いし、寝ていても可愛いし、とにかく何をしていたって可愛いのは間違いない。でも子猫の時期はあっという間に過ぎ去る。そんな可愛い子猫時代が過ぎ去った後の猫はというと、相も変わらず可愛いから、猫ってすごい。ご飯を食べていても可愛いし、寝ていても可愛いし、たまに遊んでくれたら、それはそれはもう可愛くて嬉しくて仕方がない。

長く一緒にいるうちに、猫も理解できる言葉が増えてくる。その分、より存在が身近に感じられるようになる。コミュニケーションを取りながら、寄り添って一緒に生きてくれている感が増す。話しかけると、ちゃんと通じているような気がするのだ。いや気のせいではなく、ちゃんと通じている。

今4歳のみりは、話しかけてもまだ「はあ?」っていう感じだけど、11歳のはなや、17歳のまるさんなんかはもう、相槌こそ打たないけれど、目を見てちゃんと話を聞いてくれる。あまりしつこく話しかけると、「うるせ」っていう顔をあからさまにするけれども、そんな感じもまたいい。

みりが家にやって来たのは、生後2か月の頃だった。体もとても小さくて、コロコロ転がる小さな丸い毛玉みたいで、もうとてつもなく可愛かった。でもやはり子猫時代はあっという間に過ぎ去り、3歳にもなるとおてんば娘ではあるけれどそれなりに落ち着き、体も大きくなって、すっかり一人前の成猫となった。そんなある日、同居人（小）が言った。子猫の時も可愛かったけど、今のほうがもっと可愛い、と。その言葉がすべてを表している。

一緒に暮らすうちに、もっともっと可愛いが増していく。まるさんとはもう17年も一緒にいるけれど、未だに毎日可愛い。まるさんが若い頃は、抱っこをするとすぐに体をよじらせてどこかに行こうとしていたけど、今はまったりと落ち着いているので、抱っこがしやすくなった。それをいいことに、たまにそのモフモフ具合をしっかりと堪能させていただく。苦しくない程度に、でもまるさんの柔らかな温もりをしっかり感じられるくらいにギュッと抱っこして、いい子いい子する。まさしく、猫可愛いがりだ。

ふとまるさんの顔を見ると、またお前は抱っこなんていうしょーもないことをしやがって、という呆れたような不貞腐れたような顔をしているけど、それもまたいい。顔を近づけると、フンッと鼻水飛ばし攻撃をくらうけど、「やったなー!」と言いながらも、そんなやり取りを楽しんでいる。

まる

身上書

生年月日
2007年
5月24日

名前
まる

猫種
スコティッシュ
(たち耳)

性別
オス

性格
クールでマイペース
何事にも動じず
好奇心と
チャレンジ精神が
旺盛

チャームポイント
大きな丸い顔
ふわふわ肉まん
(前足)
ブンブンしっぽ

趣味
箱でまったり
すること

はな

身上書

生年月日
2013年
4月10日頃

名前
はな

猫種
雑種

性別
メス

性格
食いしん坊な
風紀委員長

趣味
まるさんへの
押しかけ

チャームポイント
小さく美しい顔
黒い口紅
小さくて
可愛らしい手足
わがままボディ

みり
身上書
猫種
雑種
名前
みり
性別
メス
生年月日
2020年
9月10日頃
チャームポイント
柔らかな毛並み
背中の
ティッシュ模様
ベビーボイス
趣味
木登り、
鳥さんとの
おしゃべり
性格
繊細な
お転婆ガール

猫ごはん

体を作るうえで一番重要なのは、やはり食事だと思う。まるさんが食べるフードは、とにかく〝プレミアム〟とされるフードの中から選んでいた（選んでいた、と過去形なのは、最近はまた少し状況が変わったから）。

まるさんは割と好き嫌いが多く、飽きるのもまた早かった。だからフードはなるべく少ない内容量の物を、常に複数種類ストックしていた。ドライフードもウエットフードも、もちろんプレミアムなもので。プレミアムにこだわっていたのは、猫の栄養学に詳しいわけではないから、できるだけこだわった原材料で作られているものを、というくらいの感覚だった。

オーガニックならなおさら身体に良さそう、とか。でもそういった原材料にこだわったフードって、もしかしたら嗜好性はあまり高くないものも多いのかもしれない。あまり喜んで食べてくれなかったり、すぐに飽きてしまったり。猫のフードを切り替える時は、少しずつ元のフードに新しいフードを混ぜて、と大体書いてあるけれど、そんなことは言っていられなかった。食べないから新しいフードをあげる、そしてまた飽きたから別のフードを出す。そんな繰り返しだった。

まるさんの食欲に一喜一憂する日々が長いこと続いた。ご飯を食べに来るのに、あまり食べない。でも、本当に食欲がないのか、それともそのフードに飽きただけなのかがわからない。本当に食欲がないのだったら大問題だ。だから新しいフードを開けてみる。さっきよりはよく食べた、でも最初だけだった——みたいなことが続いていた。そんな中、本当に何でも喜んで食べてくれるはなの存在が救いだった。動物病院の先生によると、猫は好き嫌いの多い子のほうが多く、はなみたいに何でも食べてくれるほうが珍しいのだとか。

とにかく、まるさんが少しずつしか食べてくれないから、夜中まで何度も何度もご飯を出すことが増えた。まるさんがご飯場所にやって来る→残ったご飯を出すと少し食べる、の繰り返し。大変だけど、食べないのはもっと心配だから、満足するまで何回でもご飯を出す。そして一方で、新しいフードも探し続けた。もちろん、プレミアムと言われるフードの中から。まるさんは便秘気味でもあったから、水分補給も兼ねてウエットフードも良い物を探さなきゃ——と常に目新しいフードを探していた。

まるさんの食欲があまりないことを心配して、動物病院に連れて行ったこともある。先生、食欲がないみたいなんです、と言うと、ちょっと体重を測ってみましょう、と先生はおっしゃった。診察台の上に乗せて、体重を測る。増えてますね、と先生。毛艶もいいし、そもそも何か病気があるとしたら、こんなに丸々としていません(←これ、過去に他の動物病院でも言われたことがある)。

渋々、ちょっとずつしか食べないのを食欲がないと思い込んでいたけれど、そうではなかったのだ。試しに、いつものドライフードに、若い頃に食べたことのあるちょっと匂いの強い、プレミアムではないウエットフードを混ぜて出してみた。そうしたら、ガツガツと良く食べる。久しぶりに、完食のお皿を見た時は、安堵して嬉しかった。年齢による嗅覚の衰えも多少はあるのかもしれない。

そしてここ1年程、まるさんの食欲は非常に安定している。今は朝7時と夜7時の2回がご飯の時間なのだけど、どちらも3回くらいで大体食べ終わる。それに、飽きっぽいと思っていたけれど、ここ1年程はドライフードもウエットフードも同じ種類のフードを食べ続けている。

猫フード探しの旅は、プレミアムなドライフードに、匂いの強めなプレミアムじゃないウエットフードを混ぜることで落ち着いた。それまでは、常に複数種類のフードをストックしてはいたけれど、そのどれもが、きっとあまり好みではなかったのだ。そのことに気づくまでに長いことかかってしまって、本当に申し訳ない！

原材料にこだわったキャットフードを選びたいのは、もちろん健康で長生きしてもらいたいから。だけど、プレミアムにこだわるあまり、大事なことを忘れていた。ご飯を美味しく食べるということ。いくら原材料がよくても、ちゃんと食べてくれなければ意味がない。

今でも3匹の中で、まるさんが一番熱心に、ごはんの催促活動をしている。食欲があるって本当に素晴らしい！　そして今日も完食してすごいね！

Happy Birthday!

ハッピー・バースデイ まるさん。

若さの秘訣?

現在17歳のまるさんは、若々しいですね、とよく言われる。丸々しているからそう見える、というのもあるかもしれないけど、今でもたまーに走るし、高さはあまりないけどジャンプもできるし、立ち上がって豪快に爪とぎするし、お誕生日パーティーなどのイベント事には一番張り切って参加してくれる。そんなまるさんの若さの秘訣ってなんだろう? と考えてみた。

「猫ごはん」でも触れたけれど、フード選びにはとてもこだわってきた。やはり身体を作るうえで、食べ物の影響はとても大きいと思っている。今は必ずしもプレミアムにはこだわっていないけれど、それでも原材料を見て、何が一番多く使われているのか、余計な物が入り過ぎていないかはチェックしている。

他には、退屈しない環境づくりも心がけてきた。猫は寝てばかりいる、というイメージが一般的にはあるかもしれないけれど、3匹と一緒に暮らす中で感じるのは、猫ってそんなに寝てばかりではないということ。人が忙しくてあまり構ってあげられない時は、確かに寝ていることが多い。猫はお留守番上手、なんて言われるのも、そんなところからかもしれない。でも、人が一緒にいて、遊びに誘ったり、猫が興味を持ちそうなことをしていると、楽しそうにずっとそばをうろちょろしている。逆に、お昼寝しなくていいの? と何度声をかけたことか。

シニア世代になると、若い頃みたいに、とにかく遊んで発散！ということはできなくなってくるので、知的好奇心を刺激するような遊びも取り入れている。まるさんが入れそうな目新しい箱や容器を用意したりするのもその一つだし、季節ごとのイベント等で飾りつけをしたり、驚き過ぎないドッキリをしかけたりもする（動画『ふわふわな床とねこ。』等）。

ハーネスを着けて家の近所をお散歩したりもするし、たまに近場のスーパーまでドライブもする（猫ちゃんのお散歩に関しては個体差によるところがとても大きいので、決して猫ちゃんのお散歩を推奨しているわけではありません！ はなやみりに関しては、敷地内の庭をハーネスを着けてお散歩することはあるけれど、見知らぬ場所には怖くて連れていけません。猫ちゃんの様子を見て、楽しさより恐怖心やストレスのほうが勝っていそうな場合はやめておいたほうがいいでしょう）。

後は、毎日のブラッシングと歯磨き。まるさんはブラッシングが大好きなので、できる時はほぼ毎日、15分から30分程度している。抜け毛をとるというよりも、完全にリラクゼーションタイムだけど、マッサージ効果はありそう。

歯磨きに関しては、3匹とも毎晩している。みんな歯磨きは好きじゃないから、歯ブラシを持ってくると走って逃げる。まるさんはまあ、逃げてもすぐにとっ捕まるけど、はなやみりは2階まで逃げたりしてなかなか捕まらないことも多い。でも捕まってしまえば、みんなひどく暴れることもなく、終わって「よし」と声をかけられるまでは一応辛抱している。そして歯磨きに関しては、健康を保つ上でとても重要！ みんな歯磨きをしているので口臭もないし、まるさんは17歳だけどまだまだ歯も丈夫で、硬い物も食べられる。

まるさんの若さを保つためにいろいろやっています！ みたいにいろいろと書いたけれど、実際は個体差によるところが一番大きいのだと思う。まるさんの生まれ持っての好奇心の旺盛さやチャレンジ精神が、一番の若さの秘訣かもしれない。人が珍しいことをやっていると、必ずその大きな頭を突っ込んでくる。後は何事にも動じない精神力とか、淡々と自分のやりたいことをやるマイペースさとか、めったに怒らない大らかさとか。見習いたいものです！

まるについて

一緒に暮らす猫はまるさんが初めてだったので、まるさんがとても変わった猫だということに気がつくまでに時間がかかった。いや、でも、家にやって来た直後から、思い描いていた猫像とはだいぶ違うな、とは思ったけれど。

自分の中にあった猫のイメージとは、足元に寄って来てスリスリゴロゴロと甘えたり、人が座ると膝の上に乗ってきたり、そうかと思えばふいとどこかに行ってしまったり。いわゆる、ツンデレ、というやつだ。でも家にやって来たばかりのチビまるは、黙々と淡々と、極めてマイペースに変なことばかりしていた。ツンツンしているわけではないけれど、デレもない。弾丸のように家の中を走り回っていたので、体当たりされたことは何度もあるけれど、スリスリされたことはない。抱っこなんてしようものなら、何てことしやがる！　とでもいうように体をよじってすぐに逃げた。猫を抱っこしながらのんびりテレビを見たり、という、思い描いていた猫との暮らしとはだいぶ違っていた。

チビまるとはたくさん一緒に遊んだ。追いかけっこ遊びもしたし、かくれんぼ遊びもしたし、ケンカ遊びもしたし、おもちゃでも遊んだ。でもチビまるは、一人遊びの天才でもあった。洗面所のゴミ受けを勝手に持ち出して浴槽の中で転がしたり、浴槽の蓋を太鼓みたいに打ち鳴らしたり、紙袋を被って家の中をパトロールしたり、入れそうな物には何にでも入ってみたり、人の留守中にキッチンを荒らしたり。とにかく淡々と、自分で見つけた遊びをマイペースに楽しんでいた。

まるさんと暮らして17年。途中で空前の猫動画ブームがやってきて、ネットやテレビでたくさんの猫が見られるようになった。でも、まるさんみたいな猫はまだ見たことがない。普通の猫とはどこが違うのか？ 箱に入ったり、袋に頭を突っ込んだりというのは、猫の習性でもあるから同じようなことをする猫は多い。そういった表面的な行動ではなく、旺盛な好奇心だったり、チャレンジ精神だったり、諦めない心だったりが行動の節々に垣間見ることができるというか、もはやダダ漏れしちゃっているから、まるさんなのだ。

まるさんからは、これをやるのだ、という、ものすごく強い意志を感じる。棚からケージの上へのジャンプに失敗しても、3度目の挑戦で成功させたことがあった。不安定な容器に入って転がっても、すぐさま入り直す。猫はプライドの高い生き物だから、失敗を目撃しても笑ってはいけない、と書いてあるのを読んだことがあるけれど、面白いからどうしたって笑ってしまう。するとムキになった顔つきになってすかさず再チャレンジするところが、やっぱりまるさんなのである。

ちょっと太短いしっぽを常にブンブン振っているのも、普通の猫とは違う。一般的な猫のしっぽといえば、ご機嫌な時はピンと上に伸び、時おり優雅にゆらりと揺れる。落ち着いて座っている時は、体に添うように、やはり優雅に巻き付いている。しかしまるさんのしっぽはといえば、ぐっすりと眠っている時と、真剣にご飯を食べている時以外は、ほぼ常に動いている。足をそろえて座っている時も、しっぽは後ろでブンブンブン。その動きは猫というよりは犬のしっぽに近いかもしれない。
常にしっぽの根元から大きく振っているので、その辺の筋肉が相当鍛えられているのだろう、そのスイングの強さはかなりのものだ。ちょうどよいタイミングで顔にバンと当たった時は、結構な衝撃である。だからこそ、あれだけ立派な音で太鼓も叩けるのだろう。そして、しっぽでバンとやれば音が出る、ということも理解してやっていそうなところも、やはりまるさんなのだ。

まるさんはよく〝芸達者〟と言われることもあるけれど、その言葉は、まるさんにはあまりしっくりとこない。芸というと、人間が教え込んで出来たらおやつをあげ、条件反射的にできるように訓練してできるようになったものというイメージがあるけれど、まるさんにそうやって教え込んだ芸はひとつもない。まるさんには強い意志、自我があるので、仮にやらせようと思っても興味がなければ「そんなことはやらん！」とそっぽを向かれそう。それに、まるさんとの間に〝芸としてやらせる〟という関係性は持ち込みたくない。
ただ、好奇心とチャレンジ精神が旺盛なまるさんに、遊びの延長線上でいろいろなご提案はする。ここに小さな箱があります。さて、まるさんならどうする？　いやいやこんな小さな容器には入れませんよ、となったら、普通の猫なら諦める。でもまるさんは諦めずに挑戦し、自分で考え、無理やり体をねじ込んでみたり、頭にかぶって歩いてみたり、色んな姿を見せてくれる。そんな遊びを、まるさんとはずっとしてきた。まるさんとだから、そんな遊びが成立してきたのだと思う。

他にもまるさんは、ブランコにも乗るし、手押し車も押して歩く。どちらも猫用に用意したわけではなく、小さい子供が遊ぶために用意したもの。ブランコは、もしかしたらまるさんも乗れるかも？とは思ったけれど、まさかこんなに毎日ブランコに乗ってゆらゆらするようになるとは思ってもみなかった。

それ以上に驚いたのは、手押し車である。今でこそ当たり前の光景になっているけれど、まるさんが初めて手押し車を押して来た時の衝撃は忘れられない。紙袋やビール箱を被って歩くのも、今でこそすっかり見慣れているけれど、初めてそれを目撃した時は、可笑しさよりも驚きのほうが勝る。「え、何してんの？」ってまるさんにはもう何度聞いたことか。

まるさんの中には絶対に人間が入っている、とよく言われるけれど、まるさんが人間だったらいったいどんな人間だろう？　と想像してみると、奇天烈で風変わりで遊び心満載で、穏やかで動じず寡黙な人……一言で言うと、変わり者、だろう。猫界においても相当クセ強な部類で間違いないだろうけど、一度はなやみりには、まるさんがどう見えているのか聞いてみたい。

はなについて

はなは、3匹の中で最も猫らしい猫、という表現をよくする。でも実際その通りで、撫でてー！　あたしを構ってー！　ってよくニャーニャー鳴いて訴えて来るけれども、人間の都合で抱っこなんてしようものなら、ガラの悪い低い声でナーと鳴いて怒られる。

はなは、動物病院の里親募集がきっかけでやって来た保護猫。民家の軒下で生まれ、母猫と一緒に心優しい人にすぐに保護されたから、幸いなことに過酷な外の生活はせずに済んだらしい。他の兄弟猫と一緒にお母さん猫から猫界のルールやマナーを学んできたからか、家にやって来て先住猫のまるさんとの対面もスムーズだった。大きな体で警戒するまるさん相手に、決して深追いはせず、鼻でチュっと挨拶しては、また距離を取ることを繰り返すうちに、まるさんの警戒心も解けた。

近づいても怒られないとわかるや、本領を発揮し始めたはな。隙あらばまるさんの懐にもぐりこんで、くっつこうとする。2か月でお母さん猫と離れてやって来たのだから、無理もない。だけどお一人様生活が長く、そして元来ベタベタとくっつくのが苦手なまるさんは、ちょっと耐えられなかった。はなが近づいても怒りはしないけど、くっついて一緒に寝ようとすると、すぐに別の場所に行ってしまう、そんな日々が続いた。
でも、はなのほうがもっと上手だった。寛いでいるまるさんの所にやって来て、まずは、はながまるさんの毛づくろいをしてあげる。そうすると、まるさんも満更ではない顔になる。まるさんがうっとりしてきたところで、はい、次はあなたの番、というようにまるさんの鼻面に自分の頭を差し出す。すると、まんまと毛づくろいしてしまうまるさん。そしてはなが寝ると、そのまままるさんもそこで一緒に眠る。猫団子の完成である。

子猫が大きな猫にぴったりとくっついて寝ている、その姿だけを写真に収めたならば、あまりにも微笑ましい光景だろう。でも背後のやり取りを知っているから、クールな猫の表情の中にも、「まったくもう」という半ば呆れたようなため息交じりのまるさんと、「してやったり」でルンルン気分な子猫はなの心情がダダ洩れてくるから面白い。

キッチン荒らしの常習犯で、人が出かけたり寝静まった隙に散々悪さをし尽くして来たまるさんに比べて、はなは子猫の時から優等生タイプだった。昼間はまるさんにくっついてお昼寝するけど、夜は一人でしっかり眠りますのでお静かに、というのも子猫の時から変わらないし、食いしん坊だけどキッチンを荒らしたりはしないし、うんちは朝晩2回で、ごはんはきっちり食べる。とにかく、一日のルーティーンがしっかりしている。
子猫の時はとても臆病で、掃除機を出しただけですっ飛んで逃げていったし、知らない人が家に来ると2階に逃げて姿を現さなかった。でも何事にも動じないまるさんと長い間一緒にいたからか？はなもだいぶどっしりと構えられるようになってきた。掃除機をかけても、自分の方に近づいたら仕方なく避ける程度になったし、知らない人が来ても、いったんは2階に逃げるけど大丈夫そうだと分かると降りてくるようになった。

はなは手のかからない、本当に良い子。早食いで、前はよくまるさんのご飯を横取りしようとして注意されていたけれど、最近はそれもあまりしなくなった。好き嫌いもほとんどなく、出されたご飯をガツガツとあっという間に平らげる。

そんなはなだから、カリカリが3粒ほどお皿に残っているだけで、どこか調子悪い？　と心配になる。様子を見ても、特別調子が悪そうではない。でも次のご飯もやっぱり3粒くらい残っている。そのまた次のご飯の時、試しに違う種類のカリカリをあげたら、猛スピードでキレイに完食。はなは早食いだから、なるべく粒の小さなカリカリを選ぶようにしているのだけれど、好き嫌いの多いまるさんのように、あまり頻繁に種類を変える必要がない。だからずっと同じカリカリを出していたのだけれど、さすがのはなも、どうやらそのカリカリには飽きていたらしい。まるさんだったら、気に入らないカリカリの時は匂いを嗅いだだけで食べないけど、そこは食いしん坊のはな、とりあえずの空腹はある程度満たしておいて、このご飯はもう食べたくないとアピールするための3粒だったのだ。

手のかからない良い子だから、手のかかるまるさんに比べて構われることが少なかったり、後回しになってしまうこともあったかもしれない。でもはなは、「今はあたしを構ってー！」と鳴いて伝えてくれるから、「はい、はな様！」とお尻トントンしたりなでなでしたり、存分にご奉仕させていただく。でもあんなにゴロゴロ言って喜んでいたのに、急にイライラして「もういいってば!」っていう感じで終わりになるのも、お猫様らしい。

みりについて

みりは、はなとはまた別の動物病院の里親募集がきっかけでやって来た保護猫。当時はコロナが流行り始めた頃で、外出制限なんかもあったりして、家にいる時間が長かった。その時まるさんは13歳とシニア期ではあったもののまだまだ活発に動いていたし、今だったらもう1匹迎えてもしっかりと面倒を見ることができる。そう思い立ってから、みりがトライアルでやって来たのは、本当にあっという間だった。

みりを初めて見た時の印象は、なんて小さいの！ 月齢でいうとはなと同じ2か月くらいだったはずだけど、はながやって来た時よりもさらに一回り小さくて、手のひらにすっぽりと収まってしまう。毛もまだほわほわで、「あなた本当に離乳食じゃなくてカリカリ食べられるの?」と聞きたいくらいだった。でもやって来て早々、里親さん宅で食べていたのと同じカリカリを食べ、お水も飲んで、猫じゃらしで遊ぶ。小さくてももうちゃんと猫だった。

保護猫のトライアル期間は、はなの時もそうだったけど、だいたい2週間くらい。子猫の成長スピードからすると2週間でも長いくらいだけど、先住猫との相性を見るには短すぎる。でも実際のところは、出会って頼られ甘えられてしまったらもう、よっぽどの理由がない限りお返しなんてできない。まるさんはともかく、礼儀を重んじるはなと、猫界の挨拶の仕方も知らないみりとの相性は気がかりだったけれど、そこは長い目で見て人間が努力していけばいいと、心を決めた。

やって来たばかりのみりは、特別怖がりという印象はなかった。初めての家、初めての人を怖がることはなかったし、物陰に隠れて出てこなくなることもなかった。そしてコロナ禍で家族以外の人と会うこともほぼなく、すくすくとお転婆に育っていった。

だから避妊手術で動物病院に連れて行った時、ぶるぶると目視でわかるくらい震えている姿を見て驚いた。まるさんも、そしてはなも、去勢手術、避妊手術の時は、まだ生後半年くらいで動物病院が怖いという認識がなかったからか、まったく恐れることはなかった。まるさんなんかは特に、診察台の上でひっくり返したらひっくり返りっぱなしですね、なんて言って獣医さんに笑われたこともあるくらい、若い頃はへっちゃらだった（→後に大暴れするようになるのだけれど）。

みりのことはよく〝繊細なお転婆ガール〟と表現するけれど本当にその通り。いつもはテンション高く家の中を走り回って、まるさんやはな姉さんにいろいろと悪さをしているけれど、遠くの方で雷が鳴ったと思ったら唸り声をあげながら逃げ隠れ、ごはんも喉を通らなくなる。雷が鳴り止み、まだ洗面所に隠れているみりに「ここでいいからごはん食べな」と持っていくと、お腹は空いているようでカリカリを一粒食べ、オエっとなって、やっぱりまだ無理だわ、ともうしばらく引きこもる。字のごとく、ごはんが喉を通らないのだ。こんな猫初めて見た!

まるさんは相当なクセ強だけど、みりもなかなかである。まるさんやはなを呼びたい時、とりあえずおやつをチラつかせれば来てくれるけど、みりはおやつやご飯では絶対に来ない（まるさんはよく家の中のどこかに入り込んで迷子になるので、最終手段としておやつで誘い出していました）。子猫の時はおもちゃを出せば来てくれたけど、今はもうおもちゃでも釣れない。みりもたまに家の中のどこにいるのかわからなくなるので、誘い出す手段がないのは地味につらい。まるさんの時もそうだけど、窓も全部閉まっていて、絶対に家の中にいるはずなのにどこにもいないという時は、じわじわと焦りが込み上げてくる。そんなはずはないと思いながらも一応外も確認しつつ、必死に家中を探しまわって見つけ出す。

里親さんがミルクで育ててくれたからか、甘える対象が猫ではなく人間だけど、知らない人は絶対にNG。みんなで庭で遊んでいる時に、ごくたまに、知らない人が「ごめんください」と尋ねてくることがある（だいたい勧誘系）。そんな時はもうパニックになって、閉まっている網戸によじ上る。するとみりのパニックが伝染して、いつもは平気なはなまで一緒になって網戸によじ上って、セミみたいに並んで貼りついていた光景が、申し訳ないけどかなり面白かった。そんなときも、まるさんだけは何事もなかったかのように、ぬぼーっと庭で座っている。それもまた面白い。

そうかと思えば、宅配便の大きなトラックと、大きな荷物を持って元気よく走って来るお兄さんたちは、もう慣れて平気だったりする。後は近所のおばちゃん。コロナ禍でよく外で立ち話をしていたのだけれど、その声を聴いていて慣れたのか、家族以外ではそのおばちゃんにだけは平気で抱っこされる。大丈夫の基準がいまいちよくわからない。

成猫になって体は大きくなったけど、末っ子だからか、あるいはその甲高い鳴き声のせいか、まだまだ赤ちゃんに感じる時も多いみり。鼻チューで挨拶したり、お尻の匂いを嗅ぎ合ったり、グルーミングしたりされたり。そういった猫界の習慣を知らないまま育ってしまったけれど、それもまたみりの個性の一つということで、これからも木登りしたり鳥さんとおしゃべりしたり、楽しく過ごしてくれたらそれでいい。

まるさんとアレルギー

まるさんのおしっこに異変が起きた。白っぽいおからの猫砂が、赤というより、赤茶色っぽい色をしている。少量の血液が混じっているというレベルではなく、全体的にそんな色をしている。おしっこを採取してみると、目視でも明らかに色が違うことが確認できる。急いでいつもの動物病院に連絡をして、詳しく検査をしてもらう。尿検査に腹部エコーに血液検査。一通り検査をしてもらったけれど、腎臓に問題はなく、膀胱や尿道に石が溜まっている様子もない。赤茶という色からも、鮮血ではなく、膀胱に溜まった血液が尿と一緒に出てきている感じだと説明を受けたけれど、その原因は特定できなかった。

結石や細菌感染がないとなると、原因はストレス…？　当時、みりを迎えて数か月という頃だったため、心当たりはあった。でも、はなはともかく、子猫を迎えたことでまるさんがそこまでストレスを抱えているとは思ってもみなかった。その時13歳だったまるさんは、まだ子猫のみりに自分からケンカ遊びをふっかけるくらい元気だったし、みりは猫にベタベタと甘えに行くタイプではなかったので、お昼寝を邪魔されたり、グルーミングの強要もなかった（それは、はなちゃん!）。

でも見た目はまだまだ元気でも、13歳という年齢もあり、環境の変化が密かにストレスになっていたのかもしれない。もしそうだとしたら、まるさんに申し訳がたたない。何事にも動じず、大らかなまるさんに甘え過ぎていたのかもしれない。子猫を迎えることを安易に考え過ぎていたのかもしれない。激しい自責の念に駆られたけれど、みりを迎えたことを後悔したくはなかった。だから、どうやったらまるさんのストレスが軽減できるか、それだけを考えることにした。

みりを迎えたことが原因なのだとしたら、しばらくは2匹の関わりを避けなければと思った。みりがまるさんに絡みに行った時は、おもちゃで気を引いたりして、満足するまでたくさん遊んだ。そしてまるさんもまだまだ遊ぶことが大好きだったので、他の家族がみりの面倒を見ている間に（おもちゃを出すとみりがすっ飛んで来てしまうので）、まるさんとの遊び時間も大事にした。それから、猫のストレスを軽減する効果があるという製品も試した。コンセントに差し込んで温めると、猫がリラックスできるフェロモン物質が部屋に拡散されるというものだ。

後はまるさんの好きなブラッシングを念入りにして、お外に息抜きに行ってと、いろいろな対策をしてみた。膀胱炎に効くというサプリメントも、動物病院で処方してもらって飲ませた。結果、全く何も変わらなかった。長い間赤茶色っぽいおしっこが続いて、でも一向に原因がわからなくて、心配な日々が続いた。でも幸いなことに食欲はしっかりあって、どこかが痛くてうずくまっているような様子もなかった。

ある時、動物病院の先生の言葉で引っかかるものがあった。原因は特定できていないけれど「どこかで炎症が起きているのは間違いないんですけどね……」と先生がおっしゃった。その〝炎症〟という言葉で、もしかしたらと思った。

血尿が出る前から、実はまるさんのあごニキビで悩んでいた。一般的な猫のあごニキビというと、黒い粒粒とした汚れのようなものが付着する感じだけど、まるさんのは黒い粒粒が酷くなって人間のニキビみたいに赤く腫れ、塗り薬をもらって良くなったと思ったらまた別の所にできて、という感じで、まさしく炎症を繰り返していた。もしかしたら、まるさんの体の中でも同じようなことが起きているのかもしれない、そう思った。

炎症を起こす原因の一つとして、アレルギー反応がある。血尿が出る少し前、まるさんに吐き気の症状が見られたので、動物病院に連れて行った。いつもの動物病院がお休みの日だったので、初めての別の動物病院に連れて行ったのだけれど、ちょうど便秘もひどくなっていた時だったので一緒に相談すると、便が溜まっての吐き気の症状かもしれないということで、吐き気止めのお薬と、便秘にとても効果があるとされているあるキャットフードを紹介された。すぐにそのフードを買ってしばらく様子を見ると、なるほど確かに良い便が出る。そして吐き気も収まって良かったと思っていたところでの、血尿だった。

アレルギーを疑ってすぐに、フードの原材料を確かめた。すると、猫にアレルギーが多いと言われている小麦系の成分が多く含まれていることが分かった。それが原因ではないかもしれないけど、試してみる価値はある。すぐに小麦不使用のキャットフードを買って、しばらく様子を見た。赤茶色だったおしっこの色がだんだんと薄くなっていって、やがて正常な色に戻った!

それからは、まるさんの食べるキャットフードは、すべて小麦不使用のものを選んでいる。そうして半年くらい過ぎた頃、おしっこの他にもある変化に気がついた。まずは、化膿を繰り返していたあごニキビが改善されたこと。黒いあごニキビができてしまう時もあるけど、それがひどく化膿したりはしない。それから、まるさんの表情が違う! 以前はいつも涙が出ていて、涙やけも酷かったし、目もしぱしぱしていた。でも最近は、鼻ぺちゃ由来の涙は出るものの、朝晩ぬるま湯でキレイにしてあげれば、涙やけもそこまで気にならなくなった。何より、お目目がぱっちりしている!

それから、もしかしてこれも関係していたのかも、というのがもう一つ。猫ご飯の項目でも書いたように、以前は食欲にムラがあって、開けたての新しいフードは何となく食べるけど、すぐにまた食べなくなったり、食べにくるもののほんのちょっとしか食べなかったり、ということが続いていた。だから常に新しいキャットフードを複数種類用意しておいて、どれか一つでもまるさんが食べてくれるものはないかと、キャットフード選びに頭を悩ませる日々だった。

だけど今は、キャットフードをコロコロと変える必要もなく、食欲も安定している。何回かに分けて食べには来るものの、ちゃんと完食する。まるさん好みのキャットフードに出会えて良かったと思っていたけれど、もしかしたらこれも、アレルギーが関係していたのかもしれない。アレルギー物質を絶つことで胃腸の負担も減り、食欲も安定したのかもしれない。断定はできないけれど、その可能性はとても高いと考えている。

血尿という明らかな異変までいかなくても、原因不明の食欲不振だったり、涙や皮膚に気になる症状が出ていたら、フードを見直してみるのも大切だと知った出来事でした!(みりが原因じゃなくて良かったー!!)

猫のトイレ事情

＊ みり ＊

実はみりが一番、トイレ事情に問題を抱えている。まるさんが良く使うからと置いてある段ボール箱や、夏の青いタライ等、何でもトイレと間違えておしっこをしてしまうことがあるのだ。だから今は、段ボール箱やタライも、出しっぱなしにはできない。まるさんが良く使う日中は出しておいて、夜は片づけるようにしている（この作業が地味につらい!）。まだ若いから？　それとも、みりが一番繊細な子なので、トイレに何か気に入らないことがある？

猫トイレの数は、猫の頭数＋1個が理想とされている。猫3匹に対して、トイレは4個置いてあるから、数は足りていると思う（2階にももう1個置いてあるけど、誰も使ったことがない）。そのうち2個がみり専用になっていて、それぞれおしっこ用とウンチ用に分けて使っている。そしてたまに、まるさんたちが使う大きな猫トイレも使う。だからみりは、実質3個のトイレを使い分けている（まるさんとはなは、4個置いてあっても2個しか使わない）。

排泄物はなるべく頻繁に片づけるようにしているけど、猫砂の入っていないタライや箱でもしてしまうことを考えると、もしかしたら猫砂の種類が気に入らないのだろうか。そう思って今は、細かな砂状のタイプの物を試している最中。これでみりのトイレ事情が改善してくれるといいけど、みりが箱に入っている姿を見ると、つい「それトイレじゃないからね」と声をかけてしまう。横になって寛いでいる時はいいけれど、お座りの姿勢でじっとしている時は要注意だ。箱の中でその姿勢になったら猫トイレに急いで移すと、案の定、おしっこだったりする。一度だけ、移すタイミングが遅くなって、おしっこをまき散らすという大惨事を招いたこともある。こっちもパニックになって、箱に戻すか、トイレに行くかで、みりを持ったままちょっと右往左往してしまったのが、なおいけなかった。

4歳になってからは、まだ失敗はしていない。とはいえ、今も夜は箱やタライなど、危険な容器は片づけるようにしているから、トイレ問題が改善しているのかどうかはよく分からない。

✳ はな ✳

はなも、チビの頃はたまにトイレの失敗があった。1歳くらいまでは、布団の上でおしっこやウンチをしてしまうことがあった。失敗した時は叱ったりせず、また変に慰めたり励ましたりもせず、黙々と掃除をする。そしてやっぱり布団に乗って怪しい時は、猫トイレに抱っこして連れて行った。しばらくは、はなが布団の上に乗るのが怖かったけど、いつの間にか失敗しなくなり、今はもう全く心配はない。みりもそうなってくれることを願うばかり。

ただ、はなは非常にせっかちな性格で、それが原因で問題が生じることが時々ある。ウンチが落ちきる前にトイレから飛び出すから、一度、壁にウンチを投げつけたみたいになったことがある。「ゆっくり出てきな」、と声をかけるけど、性格の問題だから改善する様子は見られない。後は、ちゃんとトイレに入りきる前にウンチをしてしまうから、トイレの外にウンチが出ていることもよくある。その辺はもう、仕方がないのかな、と諦めてはいる。布団にされるよりはよっぽどいい。

✳ まる ✳

まるさんは、一度もトイレの失敗をしたことがない。チビの頃から現在まで、トイレ以外の場所でおしっこやウンチをしたことは一度もないし、引っ越して新しい家になっても、ちゃんと自分でトイレの場所を確認してすぐに使いこなした。まるさんは失敗しない男なのである。

まるさんのトイレ事情で困ったことと言えば、便秘問題だ。まるさんのうんちは、もうずっとカッチカチの硬いうんちで、水分量を増やそうとウエットにさらにお湯を追加してあげたりしてきたけど、なかなか改善しなかった。

そのうち、硬いウンチが肛門の出口付近で詰まってしまって、何度もトイレに行って踏ん張っているのに出ない。お尻もなんだか気持ち悪そうで、痛みもあったのか、ひどい時はクローゼットの奥に籠ってしまうこともあった。出口付近のカチコチウンチが出てしまえばすっきりするのだけど、高齢による筋肉量の低下もあるのか、出るまでがとても困難で、ひどい時は動物病院に連れて行って取り除いてもらったこともある。

こういうことが続くと体にも負担がかかるし、動物病院の先生と相談して、便を柔らかくするお薬を毎日あげることにした。できればお薬以外で改善を、と思っていろいろとやってきたけど、現状まるさんが苦しんでいるなら試してみる価値はあると思った。粉状のお薬で、パウチに入っている猫用のスープに混ぜてあげているのだけれど、幸いなことによく飲んでくれる。

そして問題だったウンチの状態もとても良くなって、出口付近で詰まることはなく、立派なウンチがちゃんと出る。薬の量が多過ぎると下痢になってしまうことがあるのでその辺は要注意だけど、今は適量も把握できているので、とても良い状態が保てている。

猫と動物病院

まるさんは最初、動物病院を全く恐れない猫だった。去勢手術の時もそうだし、健康診断の時も、この子はされるがままですね、と言って笑われたこともあるくらい、病院なんてへっちゃらだった。しかしその後引っ越しをして、新しい家の近くの動物病院にかかってから、動物病院が大嫌いになってしまった。

そこは女医さんで、病院内も清潔感があって、特に変な感じはしなかった。でも、半日くらい預けて検査をして、まるさんを迎えに行ったらひどく怒っている。シャー！　というまるさんを見たのは、それが初めてだったかもしれない。何をされたのかはわからない。でも、その時の先生の言葉は今でも覚えている。「スコティッシュは淘汰されていく種だから」と、まるさんの目の前で先生は言った。その言葉で、なんとなくわかった。目の前の命を、丁寧に、優しく扱う先生ではないのだなと。

まるさんには本当に申し訳ないことをしたと、その病院に連れて行ったことをとても後悔した。きっとひとりで怖い思いをしたに違いない。そしてそれからのまるさんは、どこの動物病院に行っても、ひどく怒るようになってしまった。今通っている動物病院の先生は、とても優しい穏やかな男の先生で、もう何年もそこに通っているのだけど、未だに病院の診察室に入ってカゴを開けた途端、ウゥ〜！

というサイレンみたいな唸り声と、シャー！　が止まらない。普段は温厚でおっとりしたまるさんだけど、病院についたとたん、戦う男に豹変してしまう。

まるさんには申し訳ないけれど、だからと言って、病院に行かないわけにはいかない。健康診断も必要だし、気になることがあればすぐに連れていく。まるさんは、若い頃から皮膚に出来物ができやすい体質で、もう6、7回くらい切除手術を受けてきた。幸いすべて良性の腫瘍だったのだけど、まるさんを触っていて、小さな出来物を見つけてしまった時はやっぱり怖い。ごく小さなうちに病院に連れて行くと、だいたい様子見になるけど、でもいつも段々と大きくなっていって、結局切除手術が必要となる。

手術の時は鎮静剤で眠っているから暴れないけど、普段の触診や血液検査などの時、診察室で戦う男に豹変してしまうまるさんを、どうなだめるかというのが問題である。優しく声をかけたって、戦う男の耳には届かない。声を掛けたら「うるせー黙ってろ！」とでも言うように、こっちを向いてシャーされたこともあるくらいだ。戦う男の体を押さえる手は、飼い主の手であろうが見境いなく噛みつかれる。このままでは血液検査はもちろん、エコー検査などの時も鎮静剤が必要になってしまう。

そんな時、藁にもすがる思いで、一本の液状タイプのおやつを持って行った。見境いなくシャーを連呼し、触るものみな傷つける戦う男を前に、そんな一本のおやつごときでは太刀打ちできないだろうとは思いつつも、なんとか鎮静剤を使わずに血液検査ができたらと思った。

いつものように、診察台の上でサイレンを鳴らし、シャーを連呼する戦う男まるさん。シャーと開けたその口に、液状のおやつを差し出した。ペロペロ舐める。サイレンは相変わらず鳴っている。でもペロペロ舐める。その隙に採血を試みてもらう。先生が触るとシャーが出る。でもその口に液状のおやつを差し出す。ペロペロ舐める。針が刺さってちょっと痛みがあったようだ。ガブッと液状のおやつの袋に噛みついた。そしてまたサイレンを鳴らしながらペロペロ舐める。シャーが出たら、その口におやつを差し出す。そうこうしているうちに、無事採血は終わった。

それ以来、まるさんを動物病院に連れて行くときには、必ずおやつを持っていくようにしている。エコー検査の時も、まるさんの時は検査室までついて行って、ひっくり返されたまるさんの鼻先におやつを持って待機している。シャーが出たり、動きそうになったら、すぐさまおやつをその口に差し出す。ウゥ〜という甲高いサイレンは常時鳴っているものの、エコー検査もできてしまった。

戦う男を前に、飼い主の優しい声かけなんて無意味だ。必要なのは、一本のおやつのみ。まるさんが食いしん坊で良かった!

戦う男に豹変してしまうまるさんに対し、はなとみりは、診察室では借りてきた猫のように大人しくなる。はなもみりも、行きの車の中では大きな声で鳴き続けているけど、診察室に入った途端、その鳴き声はぴたりと止む。みりなんかは、ブルブルと震えあがってしまっているので、恐怖でもう声も出ないのかもしれない。それはそれで可哀いそうなのだけど、検査の時に暴れたりしないので、検査はスムーズに終わる。
　大変なのは、動物病院に連れていく前だ。いつも黄色いカゴに入れていくのだけど、そのカゴを出しただけで、はなもみりもすっ飛んで逃げて行ってしまうので、なかなか捕まらない。だからいつも先に抱っこをして捕まえておいて、後でカゴを出す。暴れて逃れようとするのを必死で抑えてなんとかカゴに入れる。

　こういう時のために、キャットタワーやキャットウォークなどは、手の届く高さにしておくのが良い。梁の上を猫が自由に歩けるようになっていたり、壁の高いところまでキャットウォークが設置されているような家を見て、憧れたりもしたけど、病院に連れて行く時、そこに逃げられたら大変そうだなと、今ではそれをまず思う。

　病院に限らず、毎晩の歯磨きでも逃げていくので、毎回そんな高い場所に逃げられたら、捕まえるだけでかなりの労力が必要となる。後は、中に籠れるタイプの猫ベッドも注意が必要だ。まるさんが若い頃に良く使っていたドーム型の猫ベッドも、その中に逃げ込まれてしまうと出すことができない。だから今は、押し入れの奥で眠っている（まるさんが気に入っていたので捨てることはできない）。猫が安心出来たり、楽しめる環境作りも大切だけど、動物病院に限らず日頃のケアや必要な時に手が届くというのも、とても大切だと今は実感している。

猫のお手入れ

17歳のまるさんの毎日のお手入れは、朝食後に関節のためのサプリメントを飲ませ、洗面所で目の周りと顎の下を軽く洗い、その後ブラッシング。そして昼には便を柔らかくするお薬をスープと一緒に飲ませ、夜はご飯の後、寝る前に歯磨きをする。若い頃はサプリメントなんて飲む必要もなかったし、毎朝目の周りを洗わなくなくても顔はいつもピカピカだった。高齢になるにつれ、必要なお手入れは増えてくる。手間は増えるけど、面倒ではない。むしろ大人しくお手入させてくれるまるさんが可愛くて仕方がない。

目の周りを洗う時、洗面所の電気を点けるのはまるさんの役目である。抱っこしたまるさんの前足を電気のスイッチに持っていき、カチッと押してもらう。その時、ぐっと前足に力を入れないとスイッチは押せないので、たぶんちゃんとわかってやっている。「電気点けてくれたの、ありがとー！」と言いながらまるさんを洗面台の淵に座らせ、コットンをぬるま湯で濡らす。そして目の周りと顎の下を、軽く拭う。「はい、男前になりました！」と声をかけると、まるさんはじっとこっちを見ている。もう少し若い時は、洗面台から自分で飛び降りていたけど、今は関節に負担がかかるといけないので抱っこで下ろして差し上げる。まるさんは、終始されるがままである。

その後は、まるさんお待ちかねのブラッシングタイム。いつものブラシを手に持つと、いつもの場所でスタンバイするまるさん。ブラッシング中も、時折声をかける。「すごいね、ツヤッツヤ!」と声をかけると、やっぱりじっとこっちを見てくるまるさん。まるさんと目が合うとなんだか嬉しい。ちゃんと通じている気がして「さすがだね、立派だね!」と調子に乗って声をかけると、もうそっぽを向いて、しっぽで床をバンっ! とやられる。うるさい、ということだろう。後は静かにブラッシングさせていただく。

ブラッシング時間は、15分から長くて30分くらい。ずっと前かがみの姿勢なので肩が凝る。でも、仰向けにひっくり返って完全に脱力しているまるさんを見ると、なかなかやめられない。この毎朝のブラッシングは、抜け毛をとるというよりも、完全にまるさんのリラクゼーションタイムだ。

夜寝る前の歯磨きは、みんな嫌い。猫用の歯ブラシを取りに行くと、はなはそそくさと2階に逃げていき、みりは捕まる直前でダッシュで逃げ、箱に入っているまるさんは顔を中に入れて隠れたつもりになっている。捕まえるまでが大変だけど、捕まってしまえばみんな大人しく歯磨きさせてくれる。

まるさんの歯磨きを始めたのは、1歳くらいになってからだったと思う。それまでは、猫にも歯磨きが必要だなんて知らなかった。健康診断で動物病院へ行き、そこで猫も歯磨きをしたほうがいいと教わった。それからは毎晩、歯磨きをしている。

歯磨きはとても重要だ。子供の頃、祖母の家で飼っていた猫は歯磨きをしたことがなかったから、口臭があったのを覚えている。でも毎日歯磨きをしていると、口臭もないし、17歳のまるさんも歯はまだまだしっかりしていて、硬い物も食べられる。歯肉炎から病気になることもあるらしいので、歯磨きはできれば子猫のうちから慣れさせておいたほうが良いと思う。

最初はイヤイヤして何とか逃げようとするけど、子猫のうちならまだしっかりと捕まえておくことができる。最初はちゃんと磨けなくても、抱っこして、歯ブラシで歯をこちょこちょして、「よし」と言ってから放すようにしている。途中で逃げられてしまったら、もう一度捕まえて、こちらのタイミングで「よし」と言ってから放す。そうするとやがて、歯磨きが終わって「よし」と言われてからちゃんと逃げていくようになる（と思う）。

面白いなと思うのは、例えばはなを最初に捕まえて歯磨きをし終え、他の猫がとっ捕まろうとしている最中に「あたしはもう歯磨き終わったんで」という感じで余裕で寛いでいるところ。それは、まるさんもみりも同じで、自分の番はもう終わったので、と思っている姿がなんだか面白い。

その他のお手入れとしては、爪切りや耳掃除、年に1、2回程度のシャンプー、肛門腺絞り（まるさんだけ）等がある。爪切りや耳掃除も、歯磨きと同じ要領で、嫌がって逃げようとしたらしっかりとホールドして、「よし」、と言ってから放すやり方で慣れさせてきた。チビみりなんかは、甲高い赤ちゃんの声で「いじわる止めてー!」みたいな感じで鳴かれたけど、そこは容赦なく抑え込む。でもその時絶対にしてはいけないのは、痛い思いや怖い思いをさせること。

最初のうちは、爪の先っぽの方だけちょんちょんと切って、「よし」、と言って放すと、そのうち慣れてくる（かもしれない）。

シャンプーもみんな大嫌いで、気配を察するとみんな逃げていく。はななんかは特に濡れるのが大の苦手なので、捕まえてお風呂場まで連れて行くのが大変。なんとか捕まえた時、絶対にしてはいけないのが、抱き上げること。抱き上げてしまうと、逃げようと暴れて体によじ登って、あちこち流血する大惨事となる。できれば、四肢を下にだらんと垂らした状態で胴体だけを持ち上げ、なるべく低い位置で平行移動させていくのが良い。

不思議なことに、それだけ嫌いなシャンプーでも、シャワーで体を濡らされてしまうと観念するのか、みんな大人しくシャンプーさせてくれる。シャンプーできない冬場なんかは、たまに蒸しタオルで体を拭く。特にまるさんやはなは、乾燥するとフケが目立つようになってくるから、濡らしたタオルを電子レンジで温めて体を拭くとキレイになる。

猫の肛門腺絞りは、基本的には必要ないみたいだけど、まるさんは一度破裂寸前まで溜まっていたことがあったので、たまに絞るようにしている。動物病院では、立った猫のお尻をつまんで絞っているけど、家でまるさんの肛門腺を絞る時は、他のお手入れ同様、仰向けでやっている。肛門腺が良く見えるように覗き込みながら絞ったら、勢いよくブシャっと出て頭から浴びたことがある。その臭いはとても強烈なので、もし肛門腺を絞ることがあったら、ティッシュなどで覆って飛び散らないようにしてからやったほうが良い。

こうしてざっと書き出してみただけでも、いろいろなお手入れがある。人間の子供と違ってやがて自分でできるようになることは絶対にないから、ずっとお世話し続けなければならない。でも、全く苦ではない。むしろ正当な理由で抱っこができるから、「もうこんなに爪が伸びてる！　爪切りしなきゃね」と浮かれ気分で爪切りを取りに行く。抱っこされたまるさんの、いいから早くしろ、という顔も、はなの苛立ち交じりのフンっという鼻息も、みりのきょとんとした顔も、全部が可愛くて仕方がない。

猫たちとの夜

猫は可愛い。それはもう、間違いない。でもいくら可愛くても、猫と暮らす上で大変なことはある。特にまるさんは、キッチン荒らしの常習犯で、人が寝静まった頃に悪さをし始めるから、物音がうるさいのと、危ないことをしていないか気になって良く眠れない。まるさんと暮らし始めてから、夜中に一度も目覚めずに朝までぐっすり眠れたことはないかもしれない。

猫が食べてはいけないものはしまってある。ゴミ箱も蓋つきの物に替え、でもまるさんはゴミ箱の蓋ぐらいそのぺちゃんこの鼻面で容易に開けてしまうから、寝る前に重しを乗せて開けられないようにしておく。まるさんがうるさい音を奏でそうな、ステンレスのボウルや鍋も片づける。対策は万全のつもりでも、日々の生活の中で落ち度は生じる。そこをついてくるのが、まるさんだ。

まるさんのキッチン荒らしは、人を起こすことが目的でもあるので、片づけ忘れた鍋の蓋をガシャガシャ鳴らす、ステンレスのボウルを床に落とす、ビニール袋をガサガサ鳴らす。それらがなければ、盛大な音を立てて爪を研ぐ。音の出そうなものは何だって使う。普段は禁止されているキッチンの上に乗って、片手で鍋の蓋をガシャガシャ鳴らすまるさんの姿を一度は撮影したいものだけれど、起き上がってしまうとこっちに来てしまうので、それは叶わない。

夜中や早朝に徘徊するまるさんにつられて、みりも起き出す。追いかけっこの始まりである。まるさんがもう少し若い時は、もう勝手にやってくれ、と放っておくこともできたけど、今は体力差があり過ぎてまるさんがケガをするといけないので、止めに入らなくてはならない。まるさんを抱っこして寝床に戻し、興奮したみりはもう取っ捕まらないので、後は一人で走り回っている。たまに布団の上から衝撃をくらうけど、それくらいではもう起き上がらない。一人で静かに寝ているはなにちょっかいを出して叱られる声が聞こえてくる。散々騒ぎまわった後、猫たちは優雅な二度寝タイムにはいる。こちらはもう目が冴えて眠れない。

まるさんの夜中の徘徊癖は、夏場のほうが激しい気がする。冬の夜は猫たちも寒いのか、あまりうろちょろはしなくなる。ただ、まるさんは、うるさい物音を立てて徘徊しなくても、夜のうちに何回か寝床を変える。最初はキャットタワーの上で寝ていて、そのうちソファの上にやってきて、朝方は2階に移動して、という具合に。まるさん的には静かに移動しているつもりかもしれないけど、鼻息でだいたいの居場所がわかる。移動中はスピスピ鼻を鳴らし、寝始めるとイビキへと変わる。敢えて物音を鳴らさなくても、十分にうるさい、それがまるさんだ。

そしてみりは、寒くなると布団の中で一緒に寝る。電気を消して目を閉じ、うとうとした頃に、入れてちょうだいとみりがやって来る。布団をめくり、腕枕をして差し上げる。みりは、布団に寝に来たらもう毛づくろいをしないので、寝入りはスムーズだ。でもとても繊細な性格なので、ちょっとの物音で起きる。風で何かが落ちる音だったり、野生動物がやって来た物音だったり、何かいつもと違う音が鳴ると、シュボッと布団から飛び出す。その度、大丈夫だよ、となだめて布団に戻して寝かしつける。後は、寝返りを打ったらみりから掛け布団を奪ってしまって、あたしの布団ないんだけど、とまたみりに起こされる。そんなことをしているうちに、朝方タイマーでストーブが点いて、おい朝だぞ、とまるさんが枕元に起こしにやって来る。

猫は可愛い、それはもう間違いない。でも夜はぐっすり眠りたい！

思い出 2012

牛さんと出会う。

2月
家に牛さんがやって来た。

思い出
2012

5月
お誕生日記念にクマさん帽子の写真を撮り始める。

（1歳からやっていればよかった！）

意外と動ける！

意外とは余計です。

はな登場！

3月
2回目の引っ越し。

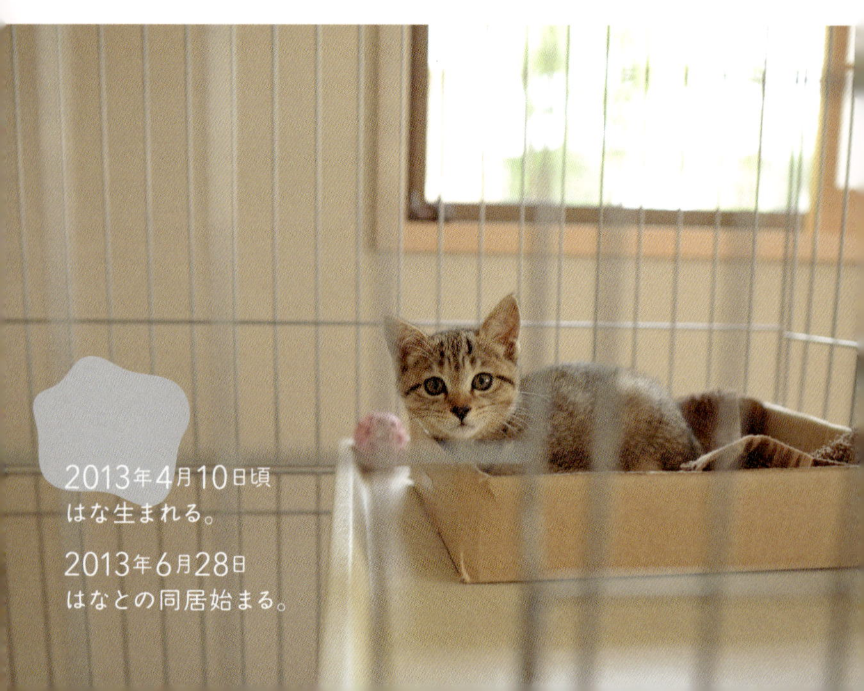

2013年4月10日頃
はな生まれる。

2013年6月28日
はなとの同居始まる。

どうも、まるです。

Flying MARU.

12月
まるさん、空を飛び始める。

シュワッチ!

思い出 2013

まるさんラブ。

思い出 2014

手押し車、始めました。

ヒンヤリにも程がある!

2月
雪のかまくら初体験。

まるさんの好きなヒンヤリ仕様です。

6月
まる&はな　ケンカ遊びに夢中。

9月
まるさん手押し車を
押し始める。

10月
まるさん透明容器で
液体になり始める。

思い出 2015

まるさん、うどん職人になる。

2月
牛さんを乗りこなす。

3月
帽子が似合い
過ぎることが判明する。

6月
ビール箱をかぶって
歩き始める。

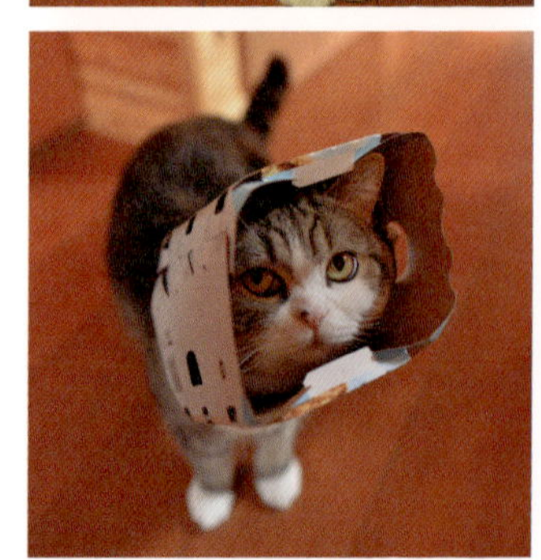

11月
うどんを作り始める。

思い出 2016

ブランコ、始めました。

3月
スリムなプラケースで、
でんぐり返しを始める。

9月
まるさんブランコに乗る。

10月
秋の演奏会で
和太鼓を披露する。

思い出 2017

ギネス世界記録®に認定される！

5月

**YouTubeで最も視聴された動物として
ギネス世界記録®に認定される。**
（2016年9月時点）

ギネスワールドレコーズ本社から
撮影隊がやって来たけど
まるさんはいつも通りのまるさんでした。

4月
色々な髪形に
チャレンジしたら、
おかっぱが似合い過ぎた。

10月
庭の木に見晴台が
完成する。

思い出

2018

YouTubeチャンネル10周年！

2月

まるさん、跳び箱チャレンジで
9段の記録を出す。

誰かさんの誕生日ですって？

7月
YouTubeのI am Maru.
チャンネルが
10周年を迎える。

10月
まるバスを運行する。

思い出 2019

チャレンジ精神炸裂!!

……。

でもお気に入りは6リットルのボウルですよ。

8月
猫はけっこう平べったくなれることを証明した。

10月
液体化したまるさんは約9.2リットルだった。

11月
平均台チャレンジで優れたバランス感覚を披露した。

思い出 2020

みり登場!

9月10日頃
みり生まれる。

11月7日
みりとの同居始まる。

11月
家族記念の
足形をとる。

ほわほわの毛玉と思ったら
とんだお転婆ガールだった！

思い出
2021

みりのはじめて物語。

4月
洗濯機の上でまるさんと
みりが一緒に揺れていた。

5月
みり、木登りの楽しさを知った。

5月
みり、初めてのサラダバーを楽しんだ。

10月
まるさん、前歯が生える。

11月
ねこ絵画の個展を開いた。

思い出 2022

「猫は液体」を完全証明！

1月
抜群のバランス感覚で揺れる
透明ボウルを手なづけた。

3月
ついに"猫は液体"を完全に
証明してしまった。

9月
ハードル大会でハードルを
すべて頭で押しのけて進み、
「まるドーザー」の称号を得た。

思い出
2023
増えたタヌキ。

1月
万華鏡の中に入ったら、
タヌキみたいな生き物が
いっぱいいた。

6月
完全武装で庭に
行こうとするまるさん。

猫みくじ

思い出 2024

まるさんと、はなと、みりがいる幸せ。

3猫団子はこの時以来実現せず…。

4月
みり、師匠とは違うやり方でひっくり返った。

5月
初めての3猫団子!

猫のお留守番

猫との暮らしで一番頭を悩ますのは、お留守番問題ではないだろうか。犬だったら一緒に旅行できる場合もあるけど、猫で、しかも多頭飼いの場合は、そうもいかない。

まるさんがまだお一人様の頃は、泊りがけの外出はしたことがなかった。やがてはなが来て、人間の家族が増え、その数年後に初めて泊りがけの外出をした。猫だけのお留守番に当たってまず準備したのが、自動給餌器。それから、いつでも様子を見られるように、カメラも複数台用意した。

当日の朝、自動給餌器で時間と量をセットする（今のはスマホのアプリで操作できるけど、当時使っていたのは給餌器本体で設定する必要があった）。2匹の猫を飼っている知人は、1泊くらいなら置きエサで大丈夫！ と言っていたけれど、きっとはなは、あればあるだけ食べてしまいそうなので、怖くて試すこともできない。一気に食べ過ぎてお腹を壊して、トイレが酷い状態になっていそうだという想像なら容易にできる。

そしてまるさんは、この自動給餌器から出されるカリカリが大好きだ。いつもはウエットフードが混ざっていないと食べないのに、自動給餌器が給餌したカリカリはガツガツ食べる。いつもと同じカリカリなのに。いつもはカリカリだけで出すと、ああ、これだけか、とでも言うように渋々少し食べて残すのに、この差はなんだ。猫は思っている以上に賢い生き物だから、自動給餌器にこれ以上の物を要求しても無駄、ということがわかっているのかもしれない。つまり、日頃の猫との駆け引きにおいて、こちらが完全に敗北しているということになる。人間だったら渋ればもっと美味しい物を出すはずだ、ということが分かった上での食べ渋りというやつである。

後は、誤飲しそうな危ない物はしっかりと隠し、ゴミ箱の蓋には重しを乗せて開けられないようにしておく。施錠もしっかり確認して、まるさんとはなにしつこいくらい行ってきますの挨拶と、それぞれに鼻チューをして家を出る。そして外出中は、カメラで頻繁にまるさんたちの様子を確認する。まるさんは、お昼寝の時はいつもリビング横の部屋か2階の寝室にいることが多いけど、人が留守のあいだはずっとリビングにいる。どうしてなのかはわからないけど、日中の外出の時もそう。そして外出中は、ほぼずっと寝ている。

チビの頃は、人が留守にすると待ってましたとばかりにキッチンを荒らしていたけど、今はそんなこともしない。ただただ寝ている。はなは、だいたい給餌器の傍にいる。当時使っていた給餌器は、はなが下からその細い前足を入れると、カリカリが数粒出てきてしまう仕組みになっていた。カメラで見る度、またやってる、あ、また!という感じで、はなにとってはもうほぼ食べ放題会場だった。それ以外の時は、だいたい寝ているか、起きて辺りをキョロキョロしているくらいで、はなも大人しくしていた。

暗くなっていつもの夕食の時間が近づいてくると、まるさんも起き上がってキョロキョロしている。やっと、いつもと違うことに気がついたのかもしれない。おいおい、もうすぐご飯なのに帰ってこないじゃないか、という感じで、ちょっとソワソワしているのがわかる。窓辺に行ったり、またキョロキョロしたり。そんな姿を見ると、大丈夫かな、寂しがっていないかな、と心配になる。もうすぐ給餌器からカリカリが出てくるけど、ちゃんと食べられるかな？外出中なのにもうほぼずっとカメラで猫たちの様子を見ている。
　やがて時間になって給餌器からカリカリが放出されると、走って駆けつけ、ガツガツ食べるまるさん。はなも、ちょいちょいつまみ食いしていたはずなのに、ご飯は別腹なのかガツガツ食べている。そしてご飯の後、ちゃんとトイレに行く姿も確認できた。これでようやく一安心、とはいかない。その後も結局、家に帰るまでこまめにカメラで様子をチェックして、無事を確認する。

　今ではみりも加わり、心配の種はさらに増えた。みりは繊細な性格なので、環境の変化でご飯を食べなくなるのではという心配に加え、猫団子にならない猫なので、寂しくてずっと鳴いているのではないかという心配もあった。みりも加わってからの初めての泊りがけの外出では、もっと性能の良くなったカメラ付きの給餌器を用意し、万が一の時にはいつでも帰って来られる距離で様子を見た。給餌器のカメラでは、ご飯の時間になっても食べに来ないみりと、みりの分までガツガツ食べるまるさんとはなの姿が確認できた。心配になって、これまで以上にカメラから目を離せない。
　少しして、みりが給餌器の前にやって来たタイミングで、スマホの遠隔操作でカリカリを出す。ちょっと驚いて後ずさりした隙に、まるさんに食べられた。もう一度出すと、次ははなが食べる。まるさんとはなは、完全に食べ過ぎだけど、もうこの際仕方がない。再度、給餌器の前にみりだけになったのを見計らって、もう一度カリカリを出す。さすがにもう、まるさんとはなは満腹で食べに来ない。みりは少し辺りをキョロキョロした後、カリカリを食べることができた！ トイレもちゃんとしている。良かった。

家に帰ると、まるさんとはなはリビングにいて出迎えてくれたけど、みりの姿がない。呼んでも現れない。返事もない。探すと、2階にみりはいた。目が合うと、あんた誰よ、という顔をしている。明らかに怒っている。目つきが怖い。抱っこしてしばらくなでなでしていると、ようやく可愛らしい声でニャーと鳴いてくれた。凍り付いた心が溶けたように、腕の中でゴロゴロ喉を鳴らすみり。その後も、食欲が落ちることもなく、ほっと一安心。

思うに、猫だけのお留守番に当たって、これだけ用意しておけば大丈夫、という正解はない。猫はお留守番上手とよく言われるように、一泊くらいのお留守番では、特に何も問題は起こらなかった。お留守番中のカメラでは、ご飯以外はほぼずっと寝て過ごしていたまるさんたち。大人しく寝ていてくれて有難い。けれどそれと同時に、やることがないから寝ているしかないという状況が申し訳なくもある。だから帰ったらまず「お留守番ありがとう」を伝え、(いつもの) 美味しいご飯を用意し、ブラッシングしたり遊んだり、しっかりご奉仕させていただきます！

猫は素晴らしい

猫を見るたび、なんて素晴らしい生き物なのだろうと思う。猫は液体と言わしめるほど柔軟な身体、軽やかな身のこなし、高いジャンプ力。素晴らしい。そして全身を覆う柔らかな被毛、見惚れるほど美しい大きな瞳、ちょこんとついた小さな鼻、立派なヒゲ、ぷっくりとしたマズルの下にちらりと見える引き締まった口元、丸みを帯びた足先、ぷにぷにの肉球。どこをとっても素晴らしい。抱っこして、この素晴らしい生き物を間近でじっくりと拝見させていただくのが、至福のひと時である。

特に好きなのが、猫の鼻筋。はなの鼻がわかりやすいのだけど、右方向からの毛流れと左方向からの毛流れが、鼻筋のちょうど真ん中でぶつかって、一筋の線を成す。この緻密さが素晴らしい。

それから、まるさんの後ろ足の、肉球からかかとまでの、短く殊更密集した被毛の触り心地もたまらない。そこは手のひらで撫でるよりも、指先の爪で優しくカキカキするように触るのがたまらない。こんなところまでぬかりなく毛が生えているとは素晴らしい。

そしてみりは、全身の毛の柔らかさがたまらない。柔らかくてつるつるしていて滑りが良く、いつまでも撫でていたくなるほど素晴らしい。

　匂いに個性があるのも面白い。3匹一緒に生活しているのに、それぞれ匂いが違う。一番匂いが少ないのがはなで、次がみり、まるさんはとても匂う。匂う、といっても決して臭い匂いではない。その頬や首筋の辺りに顔をうずめて匂いを嗅ぐと、ほのかにいい匂いがする。どういう匂いなのか言葉では説明ができないのだけど、まるだけ香水をつけているみたい、と割と鼻の利く同居人（小）が言ったことがあるくらいだ。まるさんだけたまに顎の下をシャンプーで洗うことがあるけど、シャンプーは無香料なので香料の匂いではない。これがフェロモンというやつなのか？　はなはよく、まるさんの顔の匂いを嗅いでいるけど、この匂いを嗅いでいるのかもしれない。とにかく、まるさんを抱っこして首筋に鼻を押し当て、その匂いを堪能させていただく。ああ、まるさんの匂いだ。たまらなく素晴らしい。

　猫の毛づくろいも素晴らしい。ゆったりと寛いだ姿勢で、お腹や足先まで、毛流れに沿ってゆったりと丁寧に舐めていく。体のパーツのひとつひとつを、確かめながら慈しむように、整えていく。その姿から、自分の持っているもの（自分自身）を否定せず、ありのままを受け入れ、大事にする。そんな、当たり前だけど忘れがちな、大切なことを教わる。自分自身をちゃんと大事にできるって素晴らしい。猫の毛づくろいを眺めながら、そんなことを思う。片方の後ろ足をピンと上に伸ばして毛づくろいしていると、その高々と掲げられた可愛らしい肉球をつんと触りたくなる。邪魔してはいけないと思いつつも、我慢できず、つん、としたことがある。そうすると、まるで汚い手で触ったことを咎めるようにこちらを見た後、今触った箇所を、目くじらを立ててもう一度キレイにし直す。苛立っているのか、さっきより舐め方が激しい。軽率に触れてしまって申し訳ない。きっと猫にとって毛づくろいとは、人間が思う以上に重要な役割があるに違いない。

猫の前足も素晴らしい。可愛いに特化したあの丸々としたフォルムからは想像もつかないくらい、猫の前足は意外と器用にいろいろなことができる。両前足で物を掴むこともできるし、引き出しも開けられるし、水にチャポンと浸して舐めれば水分補給もできるし、用がある時にその可愛らしい前足でトントンとしてくる。それはもう〝手〟と表現してもいいくらい素晴らしい。

猫は演技力も素晴らしい。ネズミのおもちゃを散々転がしていたぶった後、通り過ぎざま後ろ足でちょんと蹴って、また動きやがったな！ みたいな演技も面白くて素晴らしい。ずっと見ていられる。

とにかく、猫は素晴らしい。もう長いこと一緒にいるけど、毎日可愛い。こんな素晴らしい猫という生き物を創りたもうたのはいったい誰なのか。感謝申し上げます！

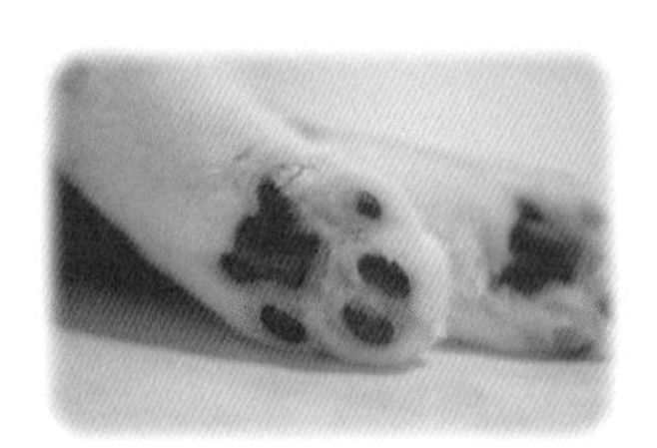

猫の気持ち

猫はとても感情がわかりやすい生き物だと思う。ご飯やおやつなどの嬉しい時は大きな目がキラキラと輝くし、おもちゃで遊んでいる時はマズルがぷっくりと膨らんでワクワクした顔になるし、おもちゃがなかなか捕まえられない時は目つきが鋭くなって拗ねたような顔になるし、しつこく構ったり呼んだりするとそっぽを向いてイライラした顔になるし、動物病院でのまるさんや、みりにしつこくちょっかいを出されたはなは、シャーッ！　とお怒りになるし（みりはいつも悪さをする側なので、怒ったところは見たことがない）、知らない人が家に来たり雷が鳴ったりすると、特にみりは怯えて警戒マックスな顔になる。

猫はまた、嫉妬しやすい生き物とも言われている。特に多頭飼いで新しい猫が増えたときや、人間の家族が増えたとき、まるさんはどうだっただろうと思い返してみても、まるさんに関しては嫉妬の感情がよくわからない。子猫のはなが新しく家族に加わった時、何をするにも先住猫優先、これはもう、どんな時も心掛けてきた。だけどどうしたって、子猫のほうが手がかかるし、甘えても来る。

子猫のはなを抱っこしていると、まるさんがその大きな目で、こちらをじーっと見てくる。もしかして、これが嫉妬というやつだろうか？　抱っこは嫌いなまるさんだけど、別の猫が抱っこされていると、ヤキモチを焼いてしまう？　そう思って、優しい声で「まる」と声を掛けたら、やっべ、まさか次は俺の番か!?　とでもいうようにそそくさと逃げて行った。直接まるさんに聞いたわけではないから、本当の所はわからない。だけどその時のまるさんの顔を思い返してみると、ヤキモチを焼いていたというよりは「お気の毒さま」という表情をしていたように思えてならない。

人間の家族が増えた時はどうだっただろう？　寝ている赤ちゃんの傍に猫が寄り添う映像を見たことがあるけど、まるさんもはなも、むしろちょっと遠巻きにしていたように感じる。かといって警戒する様子もなく、ごく自然にその存在を受け入れたように思う。人間の赤ちゃんはすぐには動き回れないから、危険性はないと思ったのかもしれない（そのうち危なっかしく動き回るようになるんですけどね！）。

人間の家族が増えることで、まるさんやはなのお世話がままならなくなったらどうしよう、という心配もあったけど、人間の赤ちゃんはたくさん寝る生き物なので、寝ている間に一緒に遊んだりブラッシングしたりしたら、割と両立することができた。寝不足で意識は朦朧としていたけど、やらなきゃ、という思いのほうが強かった。そのおかげか、人間の赤ちゃんを抱っこしたり面倒を見たりしている時に、嫉妬しているような様子もなかった。特にはなはまだ子猫だったけど、もうまるさんという最強に心強くてモフモフな存在がいてくれたので、心の平穏は保たれたのかもしれない。

やがてみりが加わり、状況は少し変わった。みりは甘える対象が人間のみだったので、どうしたって抱っこの時間が長くなる。まるさんに関しては、やっぱり嫉妬の感情とは全く無縁そうに見えていたけど、はなに関しては、同じメス同士というのもあってか、みりを抱っこしたり構ったりしていると、ニャーニャー鳴いてアピールするようになった。でもこの頃になると、赤ちゃんだった同居人（小）も成長して猫の面倒もだいぶ見られるようになっていたので、人手は増えた。それにちょうどコロナ禍の真っただ中で家にいる時間も長かったので、同居人（小）がよく子猫みりと一緒に遊んだり、抱っこしたりしてくれたからよかった。

それからさらに時間が過ぎ、みりも成猫となった今、はなとみりはやはりメス同士というのもあってか、ライバル関係にある。みりも体は大きくなったけれど、力関係ではまだまだはなのほうが上で、みりがはなに挑んでいるような様子が見える。Yogiboクッションだったりソファの上だったり、みりが良く使っているとはなも使うようになり、はなが良く使っているとみりも使うようになる。でもお互い一緒には使いたくない。

例えば、みりが良く使っているYogiboを先にはなが使っていて、後からみりが来た時に「あたしが先に使ってまーす!」というようなことを、お互いに良くやっている。ストーブの前だったり柔らかくて温かいクッションだったり、好きな物が一緒なので、「もう一緒に使えばいいのに!」といつも思って見ている（ごくたまに一緒に使っている時があって、それはそれで驚く）。

家族が増えても、先住猫であるまるさん最優先なのは変わらない。今は時間をかけてブラッシングしたり、洗面所で顔を洗ったり、毎日のうどんこねこねに付き合ったりと、まるさんにかける時間は多い。まるさんをブラッシングしたり抱っこしたりしていると、みりはちょっと羨ましそうに見てくる時もあるけど、あの大きな猫は仕方がない、と思っているようにも見える。

猫の感情はわかりやすいとは書いたものの、その心の声を聞いたわけではないから、実際のところはどうなのかはわからない。猫と話が出来たら、と思うこともあるけど、文句ばかり言われそうで怖くもある。それにわからないからこそ、猫の気持ちをいろいろと想像して、真摯にその存在と向き合うことができるのかもしれない。

猫と住環境

まるさんが最初に住んだ家は、築50年くらいのマンションをリフォームした賃貸物件だった。まるさんを迎えるにあたってペット可の物件を探したのだけど、ペット可でも猫はダメというところが多く、選択肢は思っていた以上に少なかった。猫がダメな理由としては、一番は壁や柱を引っ掻いて傷をつけることと、後は鳴き声がうるさかったり、おしっこの匂いがついてしまうかもしれない等。不動産屋さんでその話を聞いて、その時はまだ猫と暮らしたことがなかったので、そういうものかくらいにしか思わなかった。それよりも、長い間猫を迎えるかどうかについて悩み、ようやく決心したのに、物件が見つからなかったらどうしようという焦りのほうが大きかった。

不動産屋さんが紹介してくれたその物件は、繁華街に近く、治安もあまりよくない地域で、マンションのエントランスにオートロックもなかった。だけど築年数が経っている分、猫も可で、かつオーナーさんが部屋の中をリフォームしてくれた後だったので、そこに決めた。間取りは2LDKで、広々としたリビングダイニングに、和室とカーペット敷きの部屋があった。そこに猫用のケージやトイレを用意し、まるさんを迎えた。

それから約2年、その部屋でまるさんと一緒に過ごした。その2年間は、まるさんの一番遊び盛りの頃で、部屋の中を弾丸のように走り回ったり、浴槽の中に洗面所のゴミ受けを持ち込んでガコンガコンと大きな音を立てて延々と遊んだりしていたけど、その部屋がマンションの2階部分で、階下が駐車場、お風呂場の横が共同階段だったので、まるさんが立てる音に関してはあまり気にせずに済んだ。鳴き声に関しては、まるさんはめったに鳴かない猫だったし、トイレも失敗しない、爪とぎも特にダメと教えたわけではないけど壁や柱ではしたことはなかった。

約2年後、引っ越しが決まって家具をすべて運びだした後に、不動産屋さん立会いの元、部屋の確認作業があった。不動産屋さんの第一声は、とてもキレイですね! だった。でも、まるさんは壁や柱では爪とぎをしなかったものの、窓辺に上がったりするときに、前足を先に乗せて後ろ足で引っ掻いて上るクセがあった。そのため、大きな傷ではないものの、よく見ると壁に小さなひっかき傷がいくつかできていた。ということで、猫可につきプラス1か月分くらい多く支払っていた敷金は返ってくることはなかった。だけど、追加で請求されることもなかったので、良かったのかもしれない。

引っ越しが決まって、再び猫可物件探しが始まった時、やっぱりその少なさに愕然とした。あまり多くない選択肢の中から、マンションの1階で、専用庭付きの賃貸物件に決めた。間取りは2LDKで、それまで住んでいた部屋よりも少し狭かったけど、全体的に新しく綺麗だった。何より、芝生の専用庭があったのが嬉しい。まるさんにとっては、ほぼ初めてのお外。駅から離れていたこともあって、周りは閑静な住宅街で、自然の生き物も多くいた。

そこで4年ほど過ごす中で、東日本大震災が起こった。その地域も結構大きく揺れ、しかも長い間揺れていたので、閉じ込められないようベランダの窓を開けたり、パニックになって右往左往していたら、お昼寝していたまるさんもさすがに起きてきて、おい、これは大丈夫なやつなのか？　と確認するように私の顔を見ながら、一緒に右往左往していた。幸いなことに、避難が必要な被害はなかったけれど、まずはキャリーバッグを出してその中にまるさんを入れるべきだったと思う。避難訓練みたいに、災害が起こった時のことを想定して行動を決めておいたら、万が一の時にもう少し冷静に行動ができたのかもしれない。

そして現在は、森の中にある1軒屋。そこではなが家族に加わり、人間の家族が増え、みりも加わった。以前とは比較にならないくらい賑やかな家で、まるさんは暮らしている。庭の一部を高めの塀で囲って、猫たちが庭に出られるようにもした。高い塀で囲ってあるといっても、猫が本気を出せば乗り越えられてしまう。まるさんやはなはもう、高い塀を乗り越えようとは少しも思わないみたいだけど、みりが子猫の時は、よく塀をよじ登っていた。だけどその都度抱っこして下ろしていたら、もうよじ登ったりはしなくなった。それでも、猫たちが庭にいる時は、ちゃんと見ているようにしている。

森の中なので虫も多いし、野生動物も多い。家の周りで見かけた動物は、リスにタヌキ、キツネにイノシシ、テン、そしてサル。もう10年以上ここで暮らしていて、サルもたまに庭にやって来るけど、幸い、危険な目に遭ったことはない。サルはだいたい群れでやって来て、結構賑やかなので、サルが近づいてくるとわかる。だから猫たちが庭にいる時にサルの気配がしたら、急いで猫たちを家の中に入れる。まずはすばしっこいみりを脇に抱え、それからぼーっとしていて動かないまるさんをもう一方の脇に抱え、はな！　と呼ぶとはなはちゃんと自分で来てくれる（庭にいてサルの気配がするのは、年に1回あるかないかくらいの頻度なので、ごくたまにのことである）。

だけど、一度だけヒヤッとしたことがある。この家に来てまだ1、2年くらいの頃、まるさんとはなが庭に出ていて、いつものように私も一緒に庭にいた（まだみりはいなかった）。だけど、サルが近づいてくる気配に全く気がつかなかった。キー？　という甲高い鳴き声がすぐ近くで聞こえて、はっとして見ると、庭を囲っている塀の上にサルがいてこっちを見ていた！

とにかく猫たちを家の中に入れなければ。当時まだすばしっこかったはなを捕まえて家に入れ、そしてまるさんを見ると、塀のすぐ向こう側を歩くもう1匹のサルに興味を持って、塀を挟んで追いかけるように並んで歩き始めていた。わー！　声を出したらサルたちを刺激してしまうかもしれないから声には出さないけど、大慌てでまるさんを抱えて家に入れた。大人のサルだったからか、落ち着いていて猫たちには興味もなさそうに、慌てる人間を塀の上から見下ろしていた。

虫で一番被害が多いのが、カメムシ。はなは昔、カメムシをパクっと口に入れようとして、あまりの臭さにオエっとなっていた。みりは、その鼻面にカメムシの臭いがついてしまって、両前足で一生懸命こすっていた。まるさんは、ハーネスを着けて外庭をお散歩中に、雑草の中に紛れていたカメムシにうっかり顔面で触れてしまって、ウサギみたいに跳びはねながら家に帰ったことがある。まるさんの顔からカメムシ臭がプンプンしていたので、水でよく洗い流した。それ以来猫たちは、カメムシには絶対に触らない。

今は、まるさんがハイシニアの年齢になったので、まるさんが快適に過ごせるように家の中を変えていかなければ、と思っているところである。今はご飯を食べる場所も猫トイレも高い場所にあるから、やがては段差をなくす必要があるかもしれないし、床も滑らないように対策が必要になるかもしれない。まるさんが初めての猫だから、シニア猫のためにどんな対策が必要となるのか、まだ具体的にはわからない。あまり先回りして段差をなくしたりしてしまうと、かえって筋力が衰えてしまうかもしれないので、まるさんの気力があるうちは頑張って上っていただく。後はまるさんの様子を見ながら、その都度整えていきたい。

猫とSNS

まるさんがやって来た頃は、ブログが主流だった。猫ブログも流行っていて、私もまるさんの成長記録と個人の楽しみを兼ねてブログを始めた。ブログに関しては、公開はしているけど広めるつもりは全くなくて、ブログのタイトルに「私信」と入れたのも、家族だけで楽しむという意味合いからだった。まるさんの良い写真が撮れると嬉しかったし、まるさんの写真に好き勝手にセリフをつける作業はとても楽しくて、日々一緒に遊びながら写真を撮ってはアップしていた。

当時は、猫動画がブームになり始めた頃だった。だけどネットで動画を見る習慣がなかったので、テレビでこういう猫の動画が今ブームになっています、とやっていても、自分も始めてみようとは思わなかった。ただ、遊び好きで良く動くまるさんの面白さが、どうしても写真だけでは残しきれないという思いはあったので、動画も撮ってみることにした。

すると、写真ではブレブレなまるさんの面白い動きが、動画ではありのままに撮れていた！　撮れた動画をブログ記事として投稿するためには、動画投稿サイトにいったん投稿する必要があって、そこで初めてYouTubeにアカウントを作ることにした。それはまるさんが1歳くらいの頃のことだった。

まるさんが初めての猫だったので、その当時はあまりクセ強とは思っていなかったけど、いつも変なことばかりしているので、まるさんを動画に撮るのは楽しかった。YouTubeに投稿し始めて少しすると、ある動画コンテストをやっているのを知って、軽い気持ちで応募してみた。まるさんが段ボールに滑り込む動画で、30秒くらいの短い動画だった。当時は動画の編集の仕方も知らなかったので、撮影に使ったコンデジで好きな長さに短くして、それをただ繋げただけのシンプルなものだったけど、なんと見事に優勝！ 景品の掃除機が嬉しかったのを覚えている。

そこから、いつものブログや動画が大きく変わっていった。「滑り込むねこ。」が話題になればなるほど動画を見てくれる人が増え、当時は敢えてリンクで繋げていなかったにもかかわらず、検索してブログにたどり着いてくれる人も多くなった。さて、どうしよう。

しばらくは、動画にコメントが増えるのも少し怖かった。ほとんどは好意的なコメントだったけど、中には好ましくないコメントを書いてくる人もいて、気にしないようにと思ってもやっぱり気になった。だけど、個人の楽しみとして続けてきたものを、良く知らずに否定的なコメントを書いてくる人たちのためにやめようとは思わなかった。そう、否定的なコメントを書いてくる人たちは、まるさんがクセ強な性格だということを良く知らない人たち。だから、否定的なコメントに対して言葉で反論するのではなく、ひっそりと隠していたブログもリンクで繋げ、まるさんが小さな箱に無理やり入ろうとする姿だったりを、どんどん公開していくことにした。

まるさんが自分で入るところから動画にすることで、やがて否定的なコメントもあまり来なくなっていった。たとえ否定的なコメントがついたとしても、いつもよく見てくれるファンの方が、それは違うよ、と訂正してくれるのが有難くて嬉しかった。そういうファンの方々のおかげで、ブログや動画を初めて15年以上が経つけど、とても平和な世界が保たれている。本当に感謝しています!

さて、たまに猫の写真や動画の撮り方について、猫たちにどうやってこっちを見てもらうのですか? という質問をされることがある。確かに普通に猫の写真を撮ろうとすると、さっきまでこっちを見ていたのに、カメラを構えると急にそっぽを向いたり、まん丸だったお目目を閉じたりする。そんな時は、音や、物や、動きで、お猫様にこちらを見ていただけるように努力するしかない。音は怖がらない程度の変わった音。例えばビニール袋をカサカサ鳴らしたり、猫用のおもちゃを動かしたり、吹き流しを吹いたり、その辺にある物で音を出してみる。あまり大きな音だと驚いて目を見開いた顔になってしまうので、自然な目線をもらうには小さな音のほうが良い。

物でいうと、おやつ系はみんな寄ってきてしまうのでNGで、ちょうどよく猫たちの注目を集められるのが猫草(雑草)。これは、特に3匹揃った目線の写真を撮りたい時に良く使うアイテムである。動きは主に動画の時に、カメラを置いて、自分はカメラの後方で変な踊りを踊ったり、不審者のようにこそこそ歩いたりすることで、あいつ何やってんだ? という目線をいただける。

ブログを始めて15年以上が経ち、SNSの環境は大きく変わった。

最近の主流はもっぱら動画で、写真と文章でつづるブログが話題になることはほとんどない。でも個人的には、動画よりもブログの方が好きだ。最近のまるさんはもうあまり遊んではくれないけれど、昔はまるさんと遊びながらたくさん写真を撮って、その撮れた写真を見ながら、セリフやストーリーを考える作業がとても好きだった。

ブログでは当初より、まるさんの写真にセリフをつけて投稿していたので、昔からブログを見てくれている方は、セリフを付けていない動画を見ていても、自然とまるさんのセリフが思い浮かぶ人もいるようだ。まるさんがたまに動画で「にゃー」と鳴くと、言葉じゃなく猫らしく鳴く姿に違和感を覚える人もいたくらいだ。

たまに動画のコメントで、まるさんたちのセリフを考えて書いてくださる方がいるけど、私も日常生活の中でずっとそれをやっている。猫たちを見ていると、こう言っていそうだ、というのが自然と頭に浮かんでくる。

これは写真でも動画でもそうなのだけど、先にストーリーを決めて撮影することは、ほとんどない。撮れた写真を見ながら、あるいは動画を撮りながら、いつものように頭に浮かんできたまるさんたちの言葉を元に、ストーリーを考えていく。まるさんたちのセリフや動画が自然、と言ってくれる方が多いのは、まるさんたちとの日々の（勝手な）対話から生まれたものだからかもしれない。

これからもまるさんたちと脳内で勝手な対話をしながら（妄想ともいう）、写真や動画を撮っていきたい。でも、自然だと感じてくれる人が多いということは、ちゃんと通じ合っているということでいいでしょう！（←まるさんたちから総ツッコミが入りそう）

猫の日常

✳ 甘えん坊なまるさん。✳

まるさんは、基本的にはクールで人にすり寄ったりしない性格だけど、朝だけはとても甘えん坊になる。行くところ行くところについてくるし、おいで、と言うと必ず来てくれる。喉も盛大にゴロゴロ鳴らしているのだけど、まるさんの場合は圧が強すぎて、鼻も一緒にブーブー鳴っているように聞こえる。大音量でブーブー言っているまるさんを抱っこして座り、まる、と声をかけると、こちらを見上げ、片手を伸ばして柔らかな肉まん（前足）で頬に触れてくる。なんたる幸せ。ずっとこうしていたい！

だけど残念ながら、一般家庭の朝は忙しい。キッチンで料理をしていると、まるさんもキッチンに来てうろちょろしたりしている。そんなまるさんを抱っこして、たまに料理を見せてあげる。フライパンで目玉焼きを作っていたら「ジュージューだね」、鍋で何かを煮ていたら「グツグツいってるね」と、まるさんに話しかける。グツグツ、ジュージューを真剣な目で見ている、まるさんの鼻ぺちゃな横顔が愛しくてたまらない。

✳ ちょっとかすっただけなのに。✳

慌ただしく家の中を動き回っていると、たまに足元にいる猫を蹴ってしまいそうになる時がある。猫も避けようとするし、こちらも慌てて回避しようとするから思い切りぶつかったことはないけど、鼻先を足がかすめたりしたことはある。そんな時、ごめん！ と猫に言うと、猫は逃げていき、まるで酷い虐待でも受けたかのような目でこちらを見てくる。いやいや、そんなぶつかってないでしょ？って言って近づくと、また少し逃げて、ひどく咎めるような大きく見開いた目でこちらを見る。いやいや違う違う、わざとなんて蹴ってないよ！ と弁明をして、ひたすらお猫様の許しを請う。まだみりはこの経験がないけど、まるさんもはなも、だいたいこんな反応をしてくる。

✳ 持ってくる猫、来ない猫。✳

はなもみりも、ねずみのおもちゃを投げると持ってきてくれる猫（はなは最近あまりやってくれなくて寂しい）。特に、2階に投げたねずみを持ってくる遊びをよくやる。ねずみを咥えて階段を降りて現れた時の得意顔がとても可愛い。そんな時はもちろん、これでもかというくらい褒めちぎる。

それに対して、まるさんは一度も持ってきてくれたことがない。チビの頃は、ねずみを投げると走って追いかけていき、その先で転がして遊ぶ。そして、ねずみが棚の隙間など取れないところに入ってしまったら、ぶつくさ言いながら人を呼びに来る。「ねずみどこ?」と言いながら後をついて行くと、ここにあるぞ、と先導して案内し、棚の隙間を覗き込む。隣で棚の隙間を覗くと、確かにねずみはそこにある。そんなチビまるもとても可愛かった!

✳ 舐めてくれる猫、くれない猫。✳

はなは、手や顔を近づけると、必ず舐めてくれる。特に夕方、膝の上に乗って来た時は、手をずっとペロペロしてくれる。だけど猫の舌はざらざらしているので、同じところをずっと舐められ続けると、かなり痛い。「はなちゃんありがとう、もう舐めなくていいよ」と手を離そうとすると、まだ終わってないから寄こしなさい!と手を抱えて舐められることもある。そんなお世話好きなはなだけど、はなの顔の前に頭を差し出すと豹変する。ガシッと爪を出して頭を抱え、ガブガブ噛んでくる。顔を近づけるとペロッとしてくれる。でもまた頭を向けると、ガブガブッ! 頭を向けられるのは気に入らないはなです。

まるさんは、甘えん坊の朝だけ舐めてくれる。朝、まるさんを抱っこして「おはようして」と言うと、鼻をペロッと舐めてくる。いつからか忘れたけど、鼻をペロっとするのが、まるさんのおはようの挨拶になっている。午後にまるさんを抱っこして「おはようして」と言っても、しらけた顔をするばかりで絶対に舐めてくれない。口元に鼻を近づけても、その口は堅く閉じたまま。おはようの挨拶は、朝だけなまるさんです。だけど朝の4時に枕元にやって来て、鼻をペロペロして勝手におはようしてくるのはやめてください!

みりは、絶対に舐めてくれない。口元に手を近づけると、だいたいカプっとされる。おやつを手からあげると、たまに指先をペロペロすることがあるけど、みりの舌は、はなほどザラザラしていない。そしてみりは、舐められるのも苦手。まるさんとはなは、よくグルーミングをし合っているけど、みりはそこに参加したことがない。みりがもう少し小さい頃に、グルーミングの気持ち良さを体験してもらおうと、グルーミングし合っているまるさんの口元にみりの頭を差し出したことがある。まるさんはみりの頭もペロペロしてくれたけど、みりは迷惑そうに顔をそむけた。

✳ ヒヤッ! ✳

室内飼いの猫だからといって、危険が全くないわけではない。これまで何度か、ヒヤッとした瞬間があった。まるさんがまだチビの頃で、繁華街近くの賃貸マンションに住んでいた時、部屋のどこを探してもまるさんがいない! 暑い季節で窓を開けていたのだけど、よく見ると、ベランダ側の網戸が少しだけ開いている。慌ててベランダを見ると、お隣さんとの境で、きょとんとしてこっちを見ているまるさんがいた! 驚かせないように、でも素早くまるさんを抱きかかえて家の中に入れたのだけど、あの時は本当に怖かった。

隣のベランダとの仕切り板には隙間があって、まるさんが本気を出せば、下からも横からも通り抜けられた。ベランダの柵も細い鉄の棒が等間隔に並んでいるだけのものだったので、猫なら余裕で通り抜けられる上に、すぐ下は交通量の多い道路。網戸がいつから開いていたのか、そしてまるさんがどのくらいの時間ベランダにいたのかわからないけど、それ以来、窓を開ける時は全ての網戸にロックをして猫が自力で開けられないようにしている。

はなは、リボンを誤飲してしまったことがある。元々はなは、ネズミのおもちゃとか紐状の物とかを噛み千切ってしまうことがあったので、危ないおもちゃや紐状のものは必ず片付けるように気を付けていた。それでも、誤飲は起こってしまった。ちょっと幅の広い、薄くて向こう側が透けるようなリボン（オーガンジーじゃなく、昔ながらのレトロな感じのリボン）だったのだけど、危ないから片付けよう、と思った時にはもうなくなっていた。近くではながペロペロしている。食べちゃったの？　と聞いても、きょとんとするばかり。あっという間の出来事だった。動物病院では、腸などに詰まって閉塞を起こしていないか、バリウム検査をしてもらった。その結果、閉塞している箇所はないので、様子を見ましょうということに。結局、次の日くらいに便と一緒にリボンが出てきてくれて、ほっとひと安心！　噛んだら小さくなるようなリボン素材だったことも、不幸中の幸いだったのかもしれない。

猫が外に出てしまわないように、誤飲しないように、その他にもケガをしないように、いつも気を付けているつもりでも、ヒヤッとする瞬間はある。まるさんがどこにもいない、はながなんか変な物食べちゃったかも――その時のなんとも形容しがたい恐怖はもうできるだけ味わいたくないので、これからもしっかりと気を付けていきたい。

＊ 鳴く猫。＊

まるさんは、めったにニャーと鳴かない。人に向かってニャーニャー鳴いて、何かを催促することもない。名前を呼ぶと、こっちを見るけど、お返事はしない。まるさんが鳴くときといえば、おもちゃを口に咥えて、うどん生地（白いクッション）を要求する時とか、はなやみりと追いかけっこをした後、興奮冷めやらぬといった感じで、お風呂場などへ行ってマオーン、マオーン、と鳴く。後は深夜や早朝にも、たまにどこかで大きな声で鳴いている。みりがもっと小さい時は、その鳴き声を合図に追いかけっこが始まっていたけど、最近はまるさんがひとりで騒いで、爪をバリバリ研いで、落ち着いたらまた寝る。

一方、はなやみりは、人に向かってよくニャーニャー鳴く。もちろん、何を言っているのかはわからないけど一応、はいよ、と返事はしておく。それでも鳴き止まない時は、とりあえず抱っこする。みりは、だいたい抱っこで正解だけど、はなはほぼ不正解。ニャーニャー鳴いているはなを抱き上げると、不機嫌にしっぽの先をピロピロして、低いガラの悪い声でナーと鳴く。誰が抱っこしろなんて言った？　とその不機嫌な目が言っている。いやだって、ナデナデトントンすると最初はすごく喜ぶけど、すぐに自分から離れて行って、またニャーニャー鳴くでしょ。何をしてほしいのかもうわからないから、鳴いたら抱っこ、ってもう決まってるから。なんてことを言いながら、抱っこする。

そしてみりは、よく、口を開けずに「うーん!」と鳴く。みり、お外行く? 「うーん!」。でもお外寒いよ。「はあ?」(←だいたいあくびしながら)寒いけどお外行くの? 「うーん!」こんな風に、みりとはよく会話が成立してしまう。後たまに「ママー!」とも言う。たまたまだと思うけど、しっかりと「ママー!」と聞こえる。

猫と暮らすということ。

まるさんが1歳の頃は、人間との追いかけっこ遊びが大好きで、たまたま床に置いてあった箱に逃げ込んだら、ズサーっと箱が勢いよく滑っていった。こうして〝滑り込むねこ。〟は誕生した。あの時のまるさんは、若さゆえ血気盛んで体力も有り余っていたから、幾度となく箱に飛び込んでは、ズサーっとやっていた。でもそれもいつしかやらなくなった。箱は相変わらず好きだけれど、勢いよく飛び込んだりはしない。当時は、もう飽きたのかな？　くらいにしか思っていなかったけど、1歳半を過ぎると、見た目はほとんど変わらなくても、人間の4倍速で流れる時間の中で、精神的にも身体的にも着実に変化していたのだと思う。

毎日のように箱にズサーっとやっていた時は、やらなくなる日が訪れるなんて考えもしなかった。猫と暮らすこと自体が初めてだったし、まるさんもまだまだ若かったから、4倍速で流れる時間のことなんて意識したこともなかった。だから、古いカメラではあったけれど、その当時のまるさんの姿を映像として残せておいて、本当に良かったと思う。

その後も、長い年月の中で、幾度となく変化は訪れた。朝、顔を洗おうと洗面所の水を出しても、我先にと洗面台に飛び込んできてずぶ濡れになることはなくなったし、家の中を弾丸のように走り回るまるさんと正面衝突しそうになることもなくなったし、浴槽の中に洗面所のゴミ受けを持ち込んで、大きな音を立てながらひとり遊びすることもなくなった。

そしてそういった変化は、シニア期に入ると、より顕著に現れる。気がつけばあまり高い所に行かなくなったし、みりやはなとケンカ遊びしなくなったし、そもそもあまり走らなくなったし、そういえば寝ている時間も増えた。直近の変化でいうと、少し前までは手押し車をよく押して歩いていたけど、最近はそれもあまりしなくなった。

まるさんはもうすぐ18歳になる。もしまるさんがいなくなったら——なんていうことを、実はまるさんが10歳くらいの頃からずっと考え続けてきた。まるさんはスコティッシュの純血種なので、雑種の子たちに比べると寿命が短い、ということは、獣医さんからもずっと言われてきた。13歳の頃には、この種にしては長生きですねと言われ、15歳の頃には、もうすごい長生きですね！　と言われ（いつもの動物病院が休みで違う動物病院に行った時に言われる）、どうしたって意識せずにはいられない。

もしまるさんがいなくなったら、なんてことは、考えても仕方のないことだとわかっているのに、考えずにはいられない。もしもの時の覚悟をしておきたい、という思いもある。急にいなくなってしまったらあまりにもショックが大き過ぎるから、その時のことを想定して、そのショックに少しでも慣れておきたいのかもしれない。

だけど、本当の意味での覚悟なんてできやしないということも、一方ではちゃんとわかっている。悲しみや喪失感の予行演習なんてできるわけがない。だってまるさんは、今、ここにいるのだから。手を伸ばせばそのモフモフとした体に触れることができるし、顔を近づけて匂いを嗅ぐこともできる。

まるさんに限らず、猫に限らず、今一緒に過ごしている命がいつ終わってしまうかは誰にもわからない。自分自身だってそうだ。わからないけど、どんな命にも終わりがあるのは確かで、その時のことを想定して嘆き悲しんだっていい。だってその度、目の前にある命がより尊いものに思えて、今この瞬間を大事にしようと改めて思うことができるから。嘆き悲しんだ分、もっともっと大事にしようと思う。

しかしその一方で、もしかしたらまるさんて、このままずっと一緒にいてくれるんじゃないかと錯覚を起こしそうになる時もある。日常があまりにも穏やかで、まるさんもなんだか調子が良さそうで、こんな時間が永遠に続くんじゃないかと錯覚しそうになる。

まるさんと、はなと、みりがいて、昨日と同じような今日が訪れて、こんな日々が続けばいいなと思う。もしかしたら、それを幸せというのかもしれない。でも些細な変化で、そんな錯覚は一瞬にして打ち砕かれる。昨日まではご飯を完食していたのに、今日はたくさん残している。最近また歩くのが遅くなった気がする、また寝ている時間が増えた——?

変化を恐れれば恐れるほど、否応なしに変化に敏感になっていく。些細な変化に敏感になって、一喜一憂を繰り返す、これがシニア猫と暮らすということなのだと思う。成長と衰退。命にはどうしたってそれがつきまとう。今までできていたことが、できなくなる。そういった変化は、仕方のないこととはいえ、どうしたって寂しい。寂しいけど、寂しいとは思わないようにしている。こうしている間にも、時間は4倍速で流れているのだから、やらなくなったこと、できなくなったことを嘆いている時間は惜しい。嘆くのではなく、今できる範囲での喜びや楽しみを見つける手助けをしていきたい。

それに、そういった中で、まだ変わらないものもある。相変わらず箱や何かに入るのは好きだし、入れないとムキになるし、うどんは毎日のように捏ねているし、夜中にトイレに行くとまるさんだけが必ず起きてきてくれるし、夜中や早朝にうろちょろしてうるさくするし、ご飯の時間には一番熱心に催促してくる。そんな姿を見ると、安堵する。けれどそんな時間も永遠ではないと今は知っているから、少しでも長くそんな日常が続くようにと願う。

不安と安堵はこれからもきっと繰り返すと思う。でも、どんな風に変化したって、きっと必ず、全力で対応する。そして今のまるさんが楽しめることは何なのかを、これからも考え続けていきたい。だからまるさんは、何も心配せず安心して、のんびりと過ごしてくれたらいい。だって一緒にいてくれるだけで尊い。

まるさんと、はなと、みりがいる幸せ。

mugumogu

猫のまる、はな、みりの同居人。
2007年にブログ「私信まるです。」を始め、
翌2008年にYouTubeチャンネル「I am Maru.」を開設。
猫と遊びながら写真や動画を撮っていたら、
いつの間にか17年以上の時が経っていた。
現在、SNS総フォロワー数100万人越え。

ブログ「私信　まるです。」▶https://sisinmaru.com/
YouTube▶https://www.youtube.com/@mugumogu
Instagram▶@maruhanamogu

編集スタッフ
装丁　大野リサ
編集　奥村準朗
竹原晶子（双葉社）

まるです。猫と暮らすということ。

2025年4月19日　第1刷発行
2025年5月13日　第2刷発行

著者　mugumogu
発行者　島野浩二
発行所　株式会社　双葉社
〒162-8540　東京都新宿区東五軒町3番28号
[電話]03-5261-4818（営業）　03-5261-4869（編集）
http://www.futabasha.co.jp/
（双葉社の書籍・コミック・ムックが買えます）

印刷所・製本所　中央精版印刷株式会社

ISBN978-4-575- 31966-8 C0095